Taggeckos der Gattung *Phelsuma*

Lebensweise – Haltung – Nachzucht

Hans-Peter Berghof

Terrarien  Bibliothek

Natur und Tier - Verlag

Inhaltsverzeichnis

Vorworte 6

Einleitende Worte zur ersten Auflage 7

Einleitende Worte zur überarbeiteten 3. Auflage 9

Dank 10

Biologie 11
    Was ist eine Phelsume? 11
    Körperbau 11
    Verbreitung 12
    Lebensräume und Lebensweise 13
    Bemerkungen zum Alter von Phelsumen 15
    Farbgebung 15
    Geschlechtsdichromatismus und -dimorphismus 17
    Abweichende Färbung der Jungtiere 17

Schutzstatus 18
    Gefährdung im Lebensraum 18
    Gefährdung durch Handel und Terrarienhaltung 19
    Internationaler und nationaler Artenschutz 22
    Welche behördlichen Bestimmungen muss ich bei der Pflege und Zucht von
    Phelsumen beachten? 22

Beschaffung und Handhabung 24
    Wildfang oder Nachzucht? 24
    Vor dem Kauf 25
    Umgang mit dem Internet 25
    Wo kaufen? 26
    Geschlechtsunterschiede bei Phelsumen 27
    Wie erkenne ich gesunde Tiere? 29
    Transport 29
    Quarantäne 31
    Fang und Handhabung 32
    Fotografieren von Phelsumen 33

Terrarientechnik 36
    Terrarientypen und Behältergrößen 36
    Welches Terrarium für welche Art? 37
    Belüftung 37
    Beleuchtung 38
    UV-Licht 40
    Luftfeuchtigkeit 41

Temperaturen 42

Einrichtung 43
Bodengrund..43
Klettermöglichkeiten...43
Rückwand- und Seitenwandgestaltung..45
Bepflanzung 46

Pflege 47
Eingewöhnung...47
Ernährung mit tierischem Futter...47
Ernährung mit pflanzlichem Futter 51
Joghurt und andere Milchprodukte 52
Kunstfuttermischungen 53
Mineralstoffe und Vitamine...53
Tränken und Luftfeuchtigkeit 55
Temperaturen 56
Winterruhe 57
Besatzdichte und Vergesellschaftung 57
Zimmerhaltung..60
Freilandhaltung 61

Krankheiten und andere Probleme 63
Rachitis..63
Knickschwanz..64
Verletzungen 65
Häutung und Häutungsschwierigkeiten 66
Legenot..67
Milben..67

Vermehrung 69
Paarung..69
Eiablage 71
Inkubation 73
Aufzucht der Jungtiere...75

Artenteil...78
Liste aller bisher bekannten Phelsumen...78
Alle Arten im Überblick 79

Gut bis sehr gut zu pflegende Arten...80
Phelsuma abbotti...80
Phelsuma astriata 82
Phelsuma dubia...84
Phelsuma dorsivittata..86
Phelsuma grandis 87
Phelsuma klemmeri...88

Phelsuma kochi......89
Phelsuma laticauda......90
Phelsuma lineata......92
Phelsuma madagascariensis......95
Phelsuma nigristriata......97
Phelsuma ornata......98
Phelsuma ravenala......99
Phelsuma standingi......100
Phelsuma sundbergi......102

Gut zu pflegende, aber wenig nachgezüchtete Arten......104
Phelsuma comorensis......104
Phelsuma guttata......105
Phelsuma hielscheri......106
Phelsuma hoeschi......108
Phelsuma mutabilis......110
Phelsuma pusilla......112
Phelsuma quadriocellata......115
Phelsuma robertmertensi......117
Phelsuma parva......119
Phelsuma pasteuri......120
Phelsuma seippi......121
Phelsuma v-nigra......122

Seltene oder schwieriger zu pflegende Arten......126
Phelsuma andamanense......126
Phelsuma barbouri......127
Phelsuma borbonica......129
Phelsuma breviceps......133
Phelsuma cepediana......135
Phelsuma flavigularis......137
Phelsuma guimbeaui......138
Phelsuma inexpectata......139
Phelsuma modesta......140
Phelsuma serraticauda......142

Sehr seltene oder bisher nicht gepflegte Arten......143
Phelsuma antanosy......143
Phelsuma berghofi......145
Phelsuma borai......147
Phelsuma gouldi......149
Phelsuma guentheri......150
Phelsuma kely......152
Phelsuma malamakibo......155
Phelsuma masohoala......157
Phelsuma ocellata......159
Phelsuma parkeri......161

Phelsuma pronki 162
Phelsuma roesleri 164
Phelsuma rosagularis 165
Phelsuma vanheygeni 167

Als ausgestorben oder verschollen geltende Arten 169
Phelsuma edwardnewtoni 169
Phelsuma gigas 169

Noch nicht beschriebene oder nicht sicher einzuordnende Formen 170
Phelsuma cf. parva 170
Phelsuma cf. dorsovittata 171
Phelsuma lineata cf. elanthana 172
Phelsuma madagascariensis cf. madagascariensis
(kleine Inselform von Nosy Boraha) 173

Anhang 175
Glossar 175
Weiterführende Literatur zur Gattung Phelsuma 176
Weitere Informationen 188

Bildnachweis
Titelbild: *Phelsuma ornata* auf Ile aux Aigrettes, Mauritius
Hintergrund: *Phelsuma grandis* Foto: M. Schmidt
Rückseite (oben): *P. borbonica* im Basse Vallee auf La Reunion; (unten links): *P. pasteuri* auf Mayotte
(unten rechts): Männchen von *P. guimbeaui* auf Mauritius

Alle nicht anders gekennzeichneten Fotos in diesem Buch stammen von H.-P. Berghof

3. vollständig überarbeitete und erweiterte Auflage 2014

ISBN: 978-3-86659-240-7

© 2005 Natur und Tier – Verlag GmbH
An der Kleimannbrücke 39/41
48157 Münster
www.ms-verlag.de

Geschäftsführung: Matthias Schmidt
Lektorat: Heiko Werning, Kriton Kunz & Mike Zawadzki
Layout: Mirko Barts, GeitjeBooks Berlin
Druck: Alföldi, Debrecen

Vorworte

Sehr gerne und mit großer Neugier habe ich auch das Manuskript von meinem Terrarianerfreund Hans-Peter Berghof für die vorliegende überarbeitete und erweiterte 3. Auflage „Die Taggeckos der Gattung *Phelsuma*" durchgelesen.

Erstaunt war ich dabei über die zwischenzeitlich notwendigen Änderungen und Neuerungen zu diesem Thema. Damit wird wieder ein Bedürfnis der Zeit getroffen. Es beweist den weltweiten Fleiß der zuständigen Wissenschaftler, Phelsumenhalter und die sorgfältigen Recherchen des praxiserfahrenen Autors.

Angenehm sind wieder die verständlichen und nachvollziehbaren Formulierungen.

Nicht nur der interessierte und wissbegierige Taggeckopfleger wird diese Neuauflage zu schätzen wissen, sondern auch die Terrarianer, die sich künftig mit diesen hübschen Geckos seriös, sachkundig und verantwortungsvoll befassen wollen.

Gerhard Hallmann, Dortmund, 2014

Das Wissen über die artgerechte Pflege und Zucht von Reptilien in Menschenobhut hat in den vergangenen Jahrzehnten rasante Fortschritte gemacht – gerade auch bei den beliebten Taggeckos der Gattung *Phelsuma*. Dementsprechend gibt es immer wieder neue Erkenntnisse, mit denen sich die Haltung und Nachzucht weiter verbessern lassen, und auch die Taxonomie innerhalb der Gattung hat sich weiterentwickelt. Umso erfreulicher ist es, dass die Neuauflage dieses Buches nun stark überarbeitet worden ist. Als höchst erfolgreicher Phelsumen-Züchter mit jahrzehntelanger Erfahrung bringt Hans-Peter Berghof die Phelsumenpfleger nun wieder auf den aktuellen Kenntnisstand. Auch die neuen Phelsumen-Fotos, auf die ich sehr gespannt bin, werden sicher zum Erfolg der nunmehr dritten Auflage beitragen.

Dr. Frank Glaw
München, 2014

Phelsuma grandis aus Sambava mit eigenartiger Pünktchenzeichnung

Einleitende Worte zur ersten Auflage

Als ich von Redakteur und Lektor Heiko Werning angesprochen wurde, doch ein Buch über die Haltung und Vermehrung von Phelsumen zu schreiben, erschien mir das zuerst etwas überflüssig. Wie den meisten bekannt sein dürfte, gibt es mit dem Werk von HALLMANN et al. (1997), „Faszinierende Taggeckos", ein sehr ausführliches und umfassendes Werk, das fast alles, was man zu dieser Gattung wissen sollte, beinhaltet. Jedoch wurde ich schließlich überzeugt, es trotzdem zu versuchen, da es sich bei meinem Buch um eine preisgünstigere, speziell den Anfänger ansprechende Publikation handeln sollte, in welcher der Schwerpunkt auf Pflege und Vermehrung von Phelsumen liegt. Aus diesem Grunde werden in dem vorliegenden Buch taxonomische und auch systematische Fragen nur kurz behandelt. Außerdem habe ich auf eine detaillierte Beschreibung des Körperbaues und der Lebensräume weitestgehend verzichtet. Im besonderen Maße soll auf die Terrarienhaltung und die Vermehrung von Phelsumen eingegangen werden. Dazu steht mir eine ca. 20-jährige Erfahrung bei der Pflege und Zucht dieser Gattung zur Verfügung. Im genannten Zeitraum habe ich etwa 42 Arten und Unterarten der Gattung *Phelsuma* gepflegt und bis auf eine auch zur Nachzucht gebracht. Ich möchte aber auch darauf hinweisen, dass dieses Hobby nicht nur von Erfolgen gekrönt war oder ist, sondern dass es auch beim besten und erfahrensten Terrarianer immer wieder zu meist schmerzlichen Rückschlägen und Verlusten von Tieren kommen wird. Auch ich habe bei der Phelsumenpflege und -vermehrung immer wieder Höhen und Tiefen durchgemacht.

Weiterhin trugen viele Erfahrungen befreundeter Phelsumenpfleger, die aus Gesprächen und Mitteilungen zusammengetragen wurden, maßgeblich zur Bereicherung dieses Buches bei. Natürlich wird es immer wieder vorkommen, dass Phelsumenpfleger andere Erfahrungen gesammelt haben oder ihre Geckos unter anderen Bedingungen pflegen, als es hier geschildert wird. Auch werden in verschiedenen Punkten nicht alle meine Meinung teilen. Dies ist auch gut so, wenn denn der Erfolg trotzdem der Gleiche ist. Ich möchte ja nicht vorschreiben, wie Phelsumen zu pflegen sind, sondern meine Erfahrungen sowie die anderer Phelsumenpfleger weitergeben. Ich kann keine Garantie dafür geben und erst recht keine Haftung übernehmen, wenn nach Anwendung meiner Tipps der Erfolg doch ausbleibt oder sogar Verluste auftreten. In erster Linie soll dieses Buch dem interessierten Einsteiger eine Grundlage sein, damit er eine Antwort auf häufig gestellte Fragen finden und sogenannte Anfängerfehler vermeiden kann. Denn es ist frustrierend, wenn die mit Freude und Spannung erwarteten neuen Pfleglinge nach kurzer Zeit eingehen oder vorhandene Gelege nicht zum Schlupf gebracht werden.

Im Artenteil werden durch Wort und vor allen Dingen Bild fast alle Arten und Unterarten der Gattung *Phelsuma* vorgestellt, damit der eine oder andere eventuell Gefallen an diesen hübschen Echsen findet. Ursprünglich wollte ich nur gut zu pflegende und zu vermehrende Arten eingehender präsentieren. Wie ich aber durch verschiedene Gespräche mit befreundeten Terrarianern und besonders auch mit „Anfängern" herausfinden konnte, war doch ein sehr großes Interesse vorhanden, möglichst alle Arten wenigstens auf Bildern kennenzulernen. Außerdem erfolgten seit dem Erscheinen des Werks von HALLMANN et al. (1997) einige Neubeschreibungen von Phelsumen. Um auch diese noch nicht so bekannten und teilweise auch noch nicht im Terrarium gepflegten Arten vorzustellen, wurde der Artenteil letztlich doch nicht nur auf häufig gepflegte Vertreter beschränkt.

Ein Novum in diesem Buch ist die Bildauswahl der einzelnen vorgestellten Arten. Meist werden ja die schönsten Fotos für die Darstellung genommen. Leider ist es aber besonders bei Nachzuchten so, dass die Farben nicht mehr die Brillanz erreichen wie bei den Tieren in der Natur und deshalb immer wieder Leute anfragen, ob denn die gekaufte Nachzucht dem Tier entspricht, das sie in einem Buch abgebildet gesehen haben. Deshalb habe ich mich entschlossen, in vielen Fällen Aufnahmen von Terrariennachzuchten oder schon lange im Terrarium gepflegten Tieren zu verwenden. Bei allen Abbildungen von Wildfangtieren oder bei Aufnahmen der Tiere in ihrem Lebensraum ist dies in der Bildunterschrift besonders vermerkt.

Auf keinen Fall möchte ich dieses Buch als Konkurrenz zu HALLMANN et al. (1997) verstanden sehen, sondern als Ergänzung. Aus diesem Grund wird häufiger in den einzelnen Kapiteln auf dieses Werk verwiesen. Wenn es mir gelingt, bei einigen Lesern Interesse an der Gattung *Phelsuma* zu wecken und auch mit meinen Tipps und Anregungen zu manchen Erfolgen

bei der Pflege und Vermehrung zu verhelfen, hätte sich die Mühe für mich gelohnt.

Abschließend möchte ich noch die nicht nur von mir gemachte Erfahrung weitergeben, dass auch in der Phelsumenpflege der Grundsatz gilt: „Weniger ist oft mehr". Ich kam zu dieser Erkenntnis vor einigen Jahren, als ich etwa 22 Arten und Unterarten pflegte und fast alle auch zur Nachzucht brachte. Als dann im Frühjahr die Nachzuchten zu schlüpfen begannen, kam ich in einem Monat auf bis zu 50 Jungtiere. Zu dieser Zeit begann das Hobby in Arbeit auszuarten, und die Freude daran verging immer mehr. Daher entschloss ich mich, meinen Bestand auf die Hälfte zu reduzieren, und bin damit recht glücklich. Wie viel (Frei-)Zeit in dieses Hobby gesteckt werden soll, muss jeder selbst entscheiden.

Mir bleibt nur noch, Ihnen viel Freude beim Lesen dieses Buches zu wünschen, und ich selbst würde mich freuen, wenn Sie dadurch einen Anreiz hätten, mit diesem schönen Hobby zu beginnen, oder aber einige nützliche Tipps für sich fänden.

Hans-Peter Berghof
Meerane, 2004

Der Verfasser auf dem Mount Choungui, Mayotte
Foto P. Krause

Einleitende Worte zur dritten Auflage

Auch wenn es so erscheint, dass die Anzahl der Pfleger von Geckos der Gattung *Phelsuma* rückläufig ist, üben diese wunderschönen Reptilien weiterhin große Faszination auf Terrarianer aus. Der schon fast als hysterisch zu bezeichnende Boom, der diesen Taggeckos zuteilwurde, ist nun wohl wieder einem normalen Interesse gewichen. Dies betrachte ich durchaus als Gewinn für unsere Pfleglinge. Durch die „Modeerscheinung" der noch vor einigen Jahren so ungewöhnlich angesagten Phelsumenhaltung und -zucht sind leider nicht wenige „Eintagsfliegen" in die Reihen der ernsthaften Halter gespült worden. Meist haben diese vorschnell Begeisterten schon nach recht kurzer Zeit das Interesse an der Phelsumenhaltung wieder verloren und wandten sich eben mal schnell anderen Tieren oder gänzlich anderen Hobbys zu. Für eine langjährige Erhaltung von oftmals sehr seltenen Arten ist das natürlich nicht von Vorteil, und darum glaube ich, dass weniger – aber dafür ernsthafte – Züchter durchaus zum Vorteil für die Terrarienhaltung der Gattung *Phelsuma* sind.

Seit dem Erscheinen der ersten Ausgabe dieses Buches sind annähernd acht Jahre vergangen. Ist die zweite Auflage noch unverändert nachgeschoben worden, soll nun diese dritte Auflage komplett überarbeitet und vor allen Dingen aktualisiert in den Händen des Lesers liegen. Da die Resonanz auf mein Buch durchweg positiv ausgefallen war (eine Rezension ist leider nie vorgenommen worden), habe ich den allgemeinen Teil weitestgehend unverändert gelassen. Nur in einigen technischen Belangen wurde auch auf die neueren und verbesserten Methoden und technischen Geräte eingegangen. Einer der wenigen, dafür aber umso häufiger genannten Kritikpunkte galt der Auswahl des Bildmaterials. In der ersten und zweiten Auflage habe ich weitestgehend auf Bilder von Nachzuchten und von schon länger im Terrarium gepflegten Tieren zugegriffen, um zu zeigen, wie die Taggeckos der Gattung *Phelsuma* sich unter Terrarienbedingungen farblich präsentieren. Dies hat aber recht viele Leser nicht überzeugt, und ich wurde immer wieder darauf angesprochen. Aus diesem Grunde habe ich den größten Teil des Bildmaterials ausgetauscht und zeige nun fast alle Arten in ihren prächtigsten Farbkleidern, auch wenn es von dem einen oder anderen Vertreter der Gattung vielleicht noch bessere Aufnahmen geben mag. Weiterhin musste der Artenteil stark überarbeitet werden. Seit dem ersten Erscheinen dieses Buches sind bis zur Drucklegung fünf neue Arten beschrieben worden. Zudem sind aufgrund weitreichender wissenschaftlicher Untersuchungen, besonders im Bereich der Genetik, etliche Unterarten in den Artstatus erhoben worden. Somit wurde es erforderlich, den Artenteil grundlegend diesen neuen Erkenntnissen anzupassen. Den Verzicht auf eine alphabetische Auflistung der Arten habe ich auch in der vorliegenden Auflage fortgeführt. Die Eingliederung in Gruppen nach Pflegeaufwand bzw. Erhältlichkeit fand durchweg positive Resonanz. Zusätzlich habe ich ein Kapitel unter der Bezeichnung „Gut zu pflegende, aber selten nachgezüchtete Arten" hinzugefügt. In diesem werden verschiedene Arten vorgestellt, die teilweise sogar sehr einfach zu pflegen und zu vermehren sind, aber aus den verschiedensten Gründen kaum angeboten werden.

Ich hoffe, auch mit dieser Auflage den Liebhabern der „hübschesten und buntesten Geckos der Welt" wieder eine interessante und informative Lektüre an die Hand zu geben, egal ob es sich nun um Anfänger handelt oder um erfahrene Phelsumenpfleger. Für Erstere soll es das Wissen um die Gattung mehren, um grundlegende Fehler bei der Haltung zu vermeiden, und selbst die Erfahreneren werden neue Informationen finden und sich an vielen bisher unveröffentlichten Bildern von Taggeckos erfreuen können.

Hans-Peter Berghof, Meerane, 2014

Dank

Recht herzlich möchte ich mich bei meiner Familie und in besonderer Weise bei meiner Frau Marion für ihr manchmal arg strapaziertes Verständnis für mein mitunter doch sehr zeitaufwendiges Hobby bedanken. Zudem danke ich ihr für die unersetzliche Hilfe bei der Pflege meiner Tiere während meiner mehrwöchigen Aufenthalte in Madagaskar und weiteren Inseln im Indischen Ozean sowie auch in anderen tropischen Ländern, die ich allein bereiste. Ohne ihre Hilfe hätte ich solche Unternehmungen nicht realisieren können. Aber auch meinen Freunden Annemarie Lenk, Knut Schmidt und Peter Heimer, die sich während meiner Familienurlaube bestens um das Wohlergehen meiner Tiere kümmerten, gilt mein Dank. Für die kritische und hilfreiche Durchsicht des Manuskriptes sowie für viele gute Ratschläge danke ich besonders herzlich Herrn G. Trautmann (Laboe). Weiterhin haben folgende in alphabetischer Reihenfolge genannten Freunde und Bekannte mit ihren Erfahrungen und Hinweisen wesentlich zur Bereicherung dieses Buches beigetragen: Dr. Ralph und Silvia Budzinski (Biberach), Dr. Nik Cole (Vacoas, Mauritius), Magnus Forsberg (Österbybruk/Schweden), Roland Gebhardt (Leupoldsgrün), Dr. Sebastian Gehring (Bielefeld), Dr. Frank Glaw (München), Gerhard Hallmann (Dortmund), Arne Hartig (Göttingen), Dr. Oliver Hawlitschek (München), Annemarie Lenk (Chemnitz), Klaus Liebel (Herne), Peter Krause (Hohenstein-Ernsthal), Andreas Mögenburg (Ulm), Markus Roesch (Geuensee/Schweiz), Knut Schmidt (Meerane), Patrick Schönecker (Riegelsberg), Gerd Trautmann (Laboe), Emmanuel van Heygen (Mechelen/Belgien), Josua Wohler (Dettighofen/Schweiz). Aber auch allen anderen hier nicht genannten Phelsumenpflegern danke ich für die interessanten Hinweise, die aus vielen informativen Gesprächen hervorgegangen sind. Für die großzügige kostenlose Bereitstellung ihrer Fotos, ohne welche so ein großzügig bebildertes Buch wohl nicht realisiert werden könnte, möchte ich folgenden Bildautoren recht herzlich danken: Mirko Barts (Kleinmachnow), Marion Berghof (Meerane), Andreas Böhle (Liebenau), Dr. Ralph Budzinski (Biberach), Sarah Caceres & JN Jasmin (Saint-Denis/La Réunion), Frank Colacicco (Los Angeles), Dr. Sebastian Gehring (Bielefeld), Dr. Frank Glaw (München), Gerhard Hallmann (Dortmund), Dennis Hansen (Zürich/Schweiz), Arne Hartig (Göttingen), Dr. Oliver Hawlitschek (München), Udo Hoesch (Altrip), Thomas Hofmann (Zittau), Frank Höhler (Museum für Tierkunde, Dresden), Dr. Jörn Köhler (Darmstadt), Peter Krause (Hohenstein-Ernsthal), Klaus Liebel (Herne), Martin Lubojanski (Worms), Dr. Miroslav Makovec (Sokolow/Czech Republik), Walther Minuth (Bad Homburg), Mickael Sanchez (St. Pierre/La Reunion), Patrick Schönecker (Riegelsberg), Gerd Trautmann (Laboe), Emmanuel van Heygen (Mechelen/Belgien), Prof. Dr. Miguel Vences (Braunschweig) Josua Wohler (Dettighofen/Schweiz). Ein herzlicher Dank gebührt auch den Herren Olaf Pronk und Euan John Edwards (Antananarivo/Madagaskar) für viele gute Tipps und Hinweise in Bezug auf Phelsumenbiotope und die ständige Gastfreundlichkeit bei unseren Besuchen. Herrn Mirko Barts (Kleinmachnow) danke ich für das Layout und die Geduld bei meinen ständigen Änderungswünschen. Nicht zuletzt möchte ich den Herren Heiko Werning (Berlin) und Mike Zawadzki (Hamburg) vom Natur und Tier - Verlag für die sehr gute Zusammenarbeit danken.

Männchen von *Phelsuma serraticauda*

Biologie

Was ist eine Phelsume?

Wenn man unter Freunden oder Verwandten erzählt, dass man zu Hause Phelsumen pflegt, wird die Frage „Was ist denn eine Phelsume?" meist nicht ausbleiben. Da kann man nun antworten, dass es sich um tropische, meist bunte Geckos handelt, die an Glasscheiben oder der Zimmerdecke klettern können. In vielen Fällen wird diese Erklärung ausreichen, aber es gibt ja auch solch „lästige" Zeitgenossen, die das schon ein bisschen näher erklärt haben wollen. Aus diesem Grunde soll im Anschluss auf einige Fragen kurz eingegangen werden. Wer darüber hinaus Angaben möchte sowie auch an Hinweisen zur Taxonomie interessiert ist, findet diese Themen wesentlich ausführlicher abgehandelt in HALLMANN et al. (1997, 2008).

Körperbau

Der Körper von Phelsumen wirkt meist etwas gedrungen. Der abgeflachte Kopf ist mehr oder weniger deutlich durch den kräftigen Nacken vom Körper abgesetzt. Der Rumpf ist länglich, im Querschnitt oval und kann von manchen Arten sehr abgeflacht werden. Die Schwanzlänge entspricht meist der Kopf-Rumpf-Länge des Geckos. Der Schwanz kann je nach Art und Ernährungszustand des Tieres mehr oder weniger dick sein. Die Extremitäten sind recht kurz. An den Pfoten finden wir jeweils vier große und eine kleine, rudimentäre Zehe. Die großen Zehen sind im vorderen Bereich deutlich verbreitert.

Alle Zehen haben an ihrer Unterseite sehr gut ausgebilde-

Pärchen von *Phelsuma grandis*; beim oberen weiblichen Tier sind die normal ausgebildeten Kalksäckchen gut zu erkennen

te Haftpolster, die es dem Gecko ermöglichen, sich an glatten senkrechten und waagerechten Flächen sogar kopfüber fortzubewegen. Bei den weiblichen Tieren sind an den hinteren Zehen kleine retraktile (zurückziehbare) Krallen vorhanden. Die Augen sind sehr gut ausgebildet und das wichtigste Sinnesorgan der Taggeckos. Die Pupille ist rund. Eine Ausnahme bilden die Maskarenenphelsumen, und hier vor allem *P. guentheri*, deren Pupille sich schlitzförmig bis oval zusammenziehen kann. Die Augen sind durch die zusammengewachsenen, durchsichtigen Augenlider, auch Brille

Biotop bei Andasibe, hier sind *Phelsuma madagascariensis boehmei, Phelsuma q. quadriocellata, Phelsuma l. lineata* und *Phelsuma pusilla hallmani* zu finden

genannt, vor äußeren Einflüssen geschützt. Diese Brille wird beim Häuten mit abgestoßen und durch eine neue ersetzt. Der Geruchssinn ist ebenfalls sehr gut ausgebildet. Neben der Nase dient hier auch das sogenannte Jacobsonsche Organ der Wahrnehmung von Gerüchen. Über dieses Organ, das sich im Gaumen der Geckos befindet, werden via Zunge Duftstoffe aufgenommen und direkt an das Riechzentrum im Gehirn weitergegeben. Phelsumen gehören auch zu denjenigen Echsen, die aktiv zur Lautäußerung fähig sind. Die Laute, die bei der Balz oder bei Revierstreitigkeiten abgegeben werden, sind meist ein leises Keckern oder Schnarren. Über die Ohröffnungen, die sich an den Halsseiten in Verlängerung der Maulspalte befinden, sind die Phelsumen befähigt, Laute wahrzunehmen. Beidseitig hinter den Ohröffnungen befinden sich die sogenannten Kalksäckchen (endolymphatischer Apparat). Diese Kalksäckchen dienen den Geckos als Kalziumspeicher und sollen, besonders während der Eiablagezeit, den erhöhten Kalziumbedarf der Weibchen ausgleichen. Die Kalksäckchen sind – je nach Menge des eingelagerten Kalziumkarbonats – mehr oder weniger stark ausgebildet (siehe „Mineralstoffe und Vitamine"). Es wird immer wieder behauptet, dass bei Männchen diese Strukturen nicht oder nur sehr wenig ausgebildet seien. Dies ist jedoch ein Irrtum, da auch Männchen bei übermäßigem Mineralstoffangebot dazu neigen, deutliche Kalksäckchen zu entwickeln. Ein Abbau derselben ist bei Männchen meist kaum oder gar nicht mehr möglich.

Verbreitung

Die Verbreitung der Gattung *Phelsuma* konzentriert sich auf die Inseln im südwestlichen Indischen Ozean. Das Hauptverbreitungsgebiet mit zurzeit 46 anerkannten Arten und Unterarten ist die Insel Madagaskar. Es ist naheliegend, dass auf dieser Insel die Gattung *Phelsuma* entstanden ist und sich von dort weiter ausgebreitet hat. Als weitere Verbreitungsschwerpunkte können drei Inselgruppen im Indischen Ozean genannt werden: Die erste Gruppe sind die Maskareneninseln mit zwei eingeschleppten und elf endemischen (nur dort heimische) Formen, von denen jedoch zwei als verschollen oder sogar ausgestorben betrachtet werden. Zu den Maskarenen zählen die Inseln Mauritius, Réunion, Agalega, Round Island und Rodrigues. Die zweite Inselgruppe sind die Komoren mit den Inseln Mayotte, Grande Comore, Anjouan und Moheli. Auf diesen sind sieben endemische und zwei auch auf Madagaskar beheimatete Taxa zu finden. Und letztendlich sind die verschiedenen Inseln der Seychellen, die von sieben Formen bewohnt werden, ein Verbreitungsschwerpunkt der Gattung *Phelsuma*. Weiterhin kennt man Vertreter dieser Gattung von der ostafrikanischen Insel Pemba, einige Küstenpopulationen von Tansania und Kenia sowie von den Andamanen. Die Andamanen im Golf von Bengalen sind das am weitesten von Madagaskar entfernte Vorkommensgebiet einer Phelsumenart. Welche Arten im Einzelnen in welchen Gebieten leben, ist dem Artenteil zu entnehmen.

Lebensräume und Lebensweise

Phelsumen sind weitestgehend tagaktive Geckos. Die Hauptaktivitätszeit liegt in den Morgenstunden, kurz nach Sonnenaufgang, und erstreckt sich je nach Temperatur bis in den späten Vormittag. Während der Mittagshitze und am frühen Nachmittag ziehen sich die Tiere meist in kühlere Winkel ihres Lebensraumes zurück. Am späten Nachmittag bis zur Dämmerung werden die Geckos dann noch einmal aktiv und nutzen diese Zeit zur Nahrungsaufnahme und zum

Dornbuschsavanne im Süden Madagaskars. Lebensraum von *Phelsuma mutabilis*, *Phelsuma standingi* oder *Phelsuma modesta leiogaster*.

Ivoloina–Flussdelta – hier leben *Phelsuma serraticauda, Phelsuma parva, Phelsuma l. lineata, Phelsuma p. pusilla* und *Phelsuma m. madagascariensis*

Aufwärmen in der Abendsonne. An beleuchteten Orten (z. B. Hotelanlagen oder Restaurants) kann man Phelsumen sogar bis spät in die Nacht beim Fangen von Insekten beobachten. Das sogenannte „Sonnenanbeten" ist bei den Geckos meist nur für kurze Zeit zu beobachten. Entgegen der weitverbreiteten Meinung, dass diese Arten sich lange in der direkten Sonne aufhielten, kann man in der Natur beobachten, dass Phelsumen sich nur für kurze Zeit an besonnten Stellen zeigen. Sobald die Vorzugstemperatur erreicht ist, aber auch bei sehr warmer Witterung, suchen die Tiere die schattigen Plätze ihres Lebensraumes auf. Bei kühler und regenreicher Witterung sind Phelsumen kaum aktiv und bleiben an geschützten Plätzen. Die größte Verbreitung und Artenvielfalt von Phelsumen ist in den Lebensräumen an den Küsten zu finden. Selbst eine so anpassungsfähige und weitverbreitete Art wie *P. dubia* ist im Landesinneren nicht mehr anzutreffen. Offenbar

ist das meist warme, windige und durch die Nähe des Meeres nicht zu trockene Klima für viele Phelsumenarten optimal. Nur wenige Vertreter sind direkt im Küstenbereich und auch im Landesinneren zu finden. Dazu zählen z. B. *P. mutabilis* oder *P. l. lineata*. Im Landesinneren werden teilweise nur begrenzte Gebiete von ganz bestimmten Arten bewohnt. Hier sind dann auch solche Arten wie z. B. *P. barbouri, P. rosagularis* oder *P. lineata punctulata* zu sehen, die Gebiete mit extremen Witterungsbedingungen bewohnen. Aufgrund der sehr gut ausgebildeten Haftlamellen besitzen Phelsumen eine ausgesprochen gute Kletterfähigkeit. Die meisten Phelsumenarten sind baumbewohnend (arboricol), manche Arten sind aber auch an Felsen oder Steinen (rupicol) zu finden. *Phelsuma barbouri* und möglicherweise auch *P. malamakibo* können als reine Felsbewohner eingestuft werden. Die sogenannten Kulturflüchter, d. h. alle Arten, welche die Nähe des Menschen meiden, bewohnen Biotope, in denen noch keine Bebauung oder Kultivierung stattgefunden hat. Diese Geckos sind oftmals an ganz bestimmte Voraussetzungen in ihrem Lebensraum gebunden und können sich neuen Lebensbedingungen schwer oder gar nicht anpassen. Solche Arten sind aufgrund der fortschreitenden Kultivierung oft sehr stark in ihrem Fortbestand bedroht. Anders sieht es bei den Kulturfolgern aus – sie passen sich meist ohne Schwierigkeiten an die durch den Menschen veränderten Lebensbedingungen an. So sind Kulturfolger nicht nur an oder in den Gebäuden der Einwohner zu finden, sondern auch an Kulturpflanzen in Plantagen oder auch an Gartenzäunen, Telefonmasten, Straßenschildern und anderen durch den Menschen errichteten Strukturen. Solche Arten haben oft ein recht großes Verbreitungsgebiet und sind daher in den meisten Fällen in ihrem Fortbestand nicht gefährdet.

Bemerkungen zum Alter von Phelsumen

Über das Alter von Phelsumen ist leider noch nicht allzu viel bekannt. Konkrete Altersangaben liegen nur von Terrarientieren vor. Von Phelsumen in ihrem Lebensraum gibt es keine belegten Daten, die auf die Lebenserwartung unter natürlichen Umständen schließen lassen. Es ist aber mit Sicherheit anzunehmen, dass Phelsumen in ihren natürlichen Lebensräumen nicht so alt werden wie ihre Artgenossen bei guter Pflege im Terrarium. Da die Lebenserwartung von Taggeckos im Zusammenhang mit vielen Faktoren wie Ernährung, Umwelteinflüssen, Stress, Fressfeinden und auch Krankheit oder Verletzungen steht, muss man darauf hinweisen, dass alle Altersangaben rein hypothetisch sind. Die häufig gestellte Frage „Wie alt kann denn so ein Gecko werden?" sollte man nie mit einer zusichernden Antwort wie „mindestens zehn Jahre" erwidern, sondern mit der Aussage „Die Tiere können unter entsprechenden Umständen durchaus etwa 7–10 Jahre alt werden" die Auskunft relativieren. Nur von wenigen Exemplaren sind gesicherte Altersangaben vorhanden. Im Allgemeinen können als Altersdurchschnitt für die kleineren Arten mit Gesamtlängen von 8–15 cm durchaus ca. 7–12 Jahre angegeben werden. So lebte bei mir ein Männchen von *P. serraticauda*, das ich bereits ausgewachsen 1990 erworben hatte, bis zum Sommer 2006. Somit würde sich für dieses Tier ein Alter von mindestens 17 bis 18 Jahren ergeben. Dies ist allerdings auch bei bester Pflege wohl eher als Ausnahme anzusehen. Bei den mittelgroßen und großen Arten kann ein Altersdurchschnitt von 15–20 Jahren noch als sehr realistisch angesehen werden. Alle darüber liegenden belegten Angaben in der Literatur von über 20-jährigen Phelsumen sind ebenfalls als Ausnahmen zu betrachten.

Farbgebung

Wenn man von Phelsumen spricht, denken viele oft unwillkürlich an sehr bunte Geckos. In den meisten Fällen ist dies auch richtig. Bei den bunten Arten ist eine teils verschwenderische Farbenpracht aus der Kombination von grünen, blauen, roten und manchmal auch gelben Tönen zu erkennen. Es gibt aber innerhalb der Gattung *Phelsuma* auch einige weniger bunt gefärbte Arten. Bei diesen sind meist bräunliche und graue Farbabstufungen mit wenigen grünen oder blauen Zeichnungselementen bestimmend. Oftmals zeigen diese Arten mehr oder weniger ausgeprägte kontrastreiche Zeichnungsmuster. Bei vielen Phelsumenarten sind Stimmung und Wohlbefinden ausschlaggebend für die gezeigte Farbintensität. Bei Unwohlsein, zu kühler Umgebungstemperatur, Krankheit oder Stress durch andere Terrarieninsassen zeigen Phelsumen eine dunkle, kontrastlose und wenig intensive Färbung. Beobachtet man dieselben Tiere in ihrer Aktivphase bei optimaler Temperatur, bei der Balz oder auch bei Revierstreitigkeiten, so zeigen diese ihre ganze Farbenpracht. Oft fällt es schwer zu glauben, dass es dieselben Tiere sind, die kurze Zeit vorher nur recht unscheinbar gefärbt im Terrarium zu sehen waren. Aber auch nachts, während der Ruhephase, sitzen die Phelsumen oft in Prachtfärbung an ihren Schlafplätzen. Allerdings muss erwähnt werden, dass in manchen Fällen besonders gestresste Tiere (z. B. auf Verkaufsbörsen) eine ungewöhnliche Farbenpracht zei-

Kurz vor der Aufnahme verstorbene *Phelsuma berghofi*

gen. Auch Tiere, die kurz vor dem Verenden sind, oder frisch verstorbene Phelsumen sind oftmals in ihrer schönsten Färbung vorzufinden. Ein bislang ungeklärtes Phänomen bei der Phelsumenvermehrung ist, dass einige Arten als Terrariennachzuchten ihre Farbintensität erhalten, ja manche diese sogar noch steigern können, und andere auch bei optimaler Pflege und Beleuchtung die Farbenpracht von Wildtieren nicht annähernd erreichen. Auf welche Arten dies im Einzelnen zutrifft, wird im Artenteil erwähnt. Selbst mit der Zufütterung künstlicher Farbstoffe (z. B. Betacarotin), die teilweise erfolgreich bei der Vogel- und auch Fischzucht eingesetzt werden, konnten bisher keine deutlich sichtbaren Ergebnisse erzielt werden. Einzig der häufige Aufenthalt unter natürlichem Sonnenlicht bringt bei den betreffenden Arten eine Farbsteigerung. In diesem Punkt besteht bei der Phelsumenpflege noch ein großer Forschungsbedarf.

Sehr gut erkennbarer Geschlechtsdichromatismus (Weibchen links, Männchen rechts) bei *P. modesta leiogaster* aus Sakaraha
Fotos: A. Hartig

Geschlechtsdichromatismus und -dimorphismus

Unter Geschlechtsdichromatismus versteht man die unterschiedliche Färbung beider Geschlechter einer Art. Die Unterschiede können sich dabei nicht nur auf die Färbung, sondern auch auf die Zeichnung beziehen. Sehr deutlich findet sich dies vor allem bei *Phelsuma modesta* und *P. hoeschi*. Weniger ausgeprägte Unterschiede finden sich z. B. bei *P. cepediana*, *P. borbonica*, *P. pusilla hallmanni*, *P. robertmertensi*, *P. ornata* und *P. inexpectata*. Bei nahezu allen anderen Arten ist ein deutlicher Geschlechtsdichromatismus kaum vorhanden bzw. nicht für jedermann als Hilfe zur Geschlechtsbestimmung brauchbar.

Als Geschlechtsdimorphismus bezeichnet man Unterschiede in der äußeren Form der Geschlechter. Bei Taggeckos der Gattung *Phelsuma* finden sich keine auffälligen Hautanhängsel wie sie etwa Agamen oder Leguane aufweisen können. Deshalb kommt dem Geschlechtsdimorphismus hier nur in Form eines kräftigeren Körperbaus und einer größeren Kopf-Rumpf-Länge der männlichen Tiere Bedeutung zu. Als besonderes Beispiel sei hier der frappierende Größenunterschied der Geschlechter bei *Phelsuma serraticauda* genannt.

Abweichende Färbung der Jungtiere

Bei manchen Arten (z. B. *P. guimbeaui*, *P. vanheygeni*, *P. ornata*, *P. standingi*) ist das Aussehen der Jungtiere deutlich anders als das der Elterntiere, was sich aber nach einer Umfärbungsphase mit Erreichen der Geschlechtsreife wieder relativiert. Bei Arten, die als adulte Tiere einen deutlichen Geschlechtsdichromatismus (*P. modesta*, *P. hoeschi*) aufweisen, sehen die Jungtiere immer den weiblichen Elterntieren ähnlich. Nur die Männchen färben sich mit Erreichen der Geschlechtsreife um, während die Weibchen die nur leicht abgewandelte Jungendfärbung behalten.

Phelsuma-vanheygeni-Schlüpflinge sind deutlich anders gefärbt als die Erwachsenen

Schutzstatus

Gefährdung im Lebensraum

Wenn in Fernsehsendungen über Madagaskar oder auch andere Inseln, auf denen Phelsumen vorkommen, berichtet wird, stehen oftmals Naturschutzgebiete oder andere noch intakte Habitate im Mittelpunkt. Selten wird auch auf die enorme Lebensraumzerstörung durch den Menschen hingewiesen. Aber gerade die durch den enormen Bevölkerungszuwachs notwendige Erschließung des Landes für Landwirtschaft und Viehzucht durch die Brandrodung stellt die größte Bedrohung von Wildtieren dar. Dazu kommt noch, dass ein großer Teil der madagassischen Bevölkerung aus traditionellen Gründen den Regenwald als vollkommen unnütz, ja sogar gefährlich ansieht. So kommt es immer wieder vor, dass sogar solche Waldflächen durch Brandrodung vernichtet werden, die danach kaum für Landwirtschaft oder Viehzucht verwendet werden können. Natürlich muss auch bedacht werden, dass Madagaskar eines der ärmsten Länder dieser Erde ist und dass der hungernde Bauer es sich gar nicht leisten kann, auf „nutzlose" Tiere Rücksicht zu nehmen. Den Luxus des Artenschutzes können sich nur wohlhabende Länder leisten. Abhilfe kann hier nur geschaffen werden, wenn durch intensive Aufklärungsarbeit bei der Bevölkerung Verständnis für die Natur geweckt wird. Weiterhin muss den Leuten erklärt werden, dass langfristig mehr Nutzen aus noch intakten Biotopen als aus nur kurze Zeit landwirtschaftlich nutzbaren Rodungsflächen gezogen werden kann. Dafür muss der Bevölkerung nachhaltig beigebracht werden, dass man den Restregenwald zwar nicht für die Ernährung nutzen, dass aber durch

Großflächige Brandrodungen wie hier auf Nosy Boraha (Sainte Marie) zerstören unwiederbringlich Lebensräume von vielen Tierarten

Ökotourismus, z. B. mit geführten Touren durch solche Gebiete, Geld verdient werden kann. Dies ist allerdings ein recht beschwerlicher und langfristiger Weg, und es wird nicht zu vermeiden sein, dass weiterhin unwiederbringlich Biotope verschwinden werden. Eine positive Entwicklung war seit dem madagassischen Regierungswechsel 2002 zu verzeichnen und ließ Naturfreunde hoffen. Leider kam es aber ab 2009 zu neuerlichen Unruhen. Gesetz und Ordnung sind seither an vielen Stellen ausgehebelt worden. Offenbar wird momentan wenig Wert auf Natur- und Artenschutz gelegt. In der Folge wurden große Teile bisher geschützten Regenwaldes abgeholzt, der illegale Tier- und Pflanzenhandel blühte auf, und sogar die bisher streng geschützten Lemuren werden immer häufiger als sogenanntes „Bushmeat" zum Verzehr für absonderlich veranlagte Touristen angeboten. Ob und wann sich dies wieder ändert, steht in den Sternen. In vielen Gebieten steht es nicht gut um den kleinen Rest unberührter Flächen, ungeachtet der Tatsache, dass es sich oftmals um ausgewiesene Naturschutzgebiete handelt.

Die durch Brandrodung oder Kahlschlag entstandenen Steppen oder Monokulturen werden nur von sehr wenigen Kulturfolgern unter den Phelsumenarten als Lebensraum angenommen. Besonders Kulturflüchter, die sich auf den Lebensraum Regenwald spezialisiert haben, verschwinden mit der Zerstörung der Habitate unwiederbringlich. Leider sind nicht nur die Regenwälder im Osten von Madagaskar davon betroffen, sondern auch die einzigartigen Trockenwälder im Westen und die Dornbuschwälder im Süden des Landes. Mit jedem Quadratmeter Wald verschwinden nicht nur seltene und oft nicht einmal bekannte Pflanzen- und Tierarten, sondern eben auch Lebensräume von Phelsumen. Ein weiterer Aspekt ist die leider immer häufiger zu bemerkende Anwendung von Insektiziden und Pflanzengiften, die zur Dezimierung der natürlichen Vorkommen beitragen. Sollten

sich doch einige Kulturflüchter an die neuen Lebensbedingungen anpassen, werden sie oftmals von den robusteren und anpassungsfähigeren Kulturfolgerarten verdrängt. Durch solche Prozesse kann es in nicht allzu ferner Zukunft durchaus geschehen, dass einige Arten vollkommen verschwinden und die Artenvielfalt immer mehr zurückgeht. Beispiele gibt es bereits jetzt. So wurde z. B. *P. antanosy* bisher nur an drei recht kleinen Fundpunkten nachgewiesen. Von diesen soll seit der Erstbeschreibung 1993 eine Population bereits ausgelöscht worden sein (PRONK, pers. Mittlg.). Gerade für solche erst kürzlich entdeckten und beschriebenen, aber aufgrund fortschreitender Lebensraumzerstörung stark bedrohten Arten würde sich eine gezielte Erhaltungszucht in Menschenhand regelrecht anbieten. Natürlich trifft dies auch auf schon lange bekannte Arten zu, die von nur sehr begrenzten Lebensräumen bekannt und daher wohl sehr bedroht sind. Eindrucksvollstes Beispiel für eine erfolgreiche Erhaltungszucht im Terrarium ist hier *P. klemmeri*. Diese Art wurde 1991 beschrieben und ist nur von einem kleinen Gebiet in Nordwestmadagaskar bekannt. Die wenigen Exemplare, die damals eingeführt wurden, haben sich bis jetzt zu einem sehr großen und stabilen Terrarienbestand entwickelt. So ist *P. klemmeri* die am häufigsten vermehrte Phelsume innerhalb der Interessengruppe Phelsuma neben *P. grandis*.

Gefährdung durch Handel und Terrarienhaltung

Von den meisten Natur- und Artenschutzverbänden wird immer noch behauptet, dass wild lebende Tiere durch Fang, Handel und Pflege an den Rand der Ausrottung gebracht würden. Dem kann man wohl so nicht zustimmen. Ohne Zweifel ist es richtig, dass eine hohe Sterblichkeitsrate bei Massenimporten zu rein gewerblichen Zwecken billigend in Kauf genommen wird. Wenn diese Tiere dann auch noch in Zoofachgeschäften, auf Börsen oder sogar in den teilweise mit haarsträubender fachlicher Inkompetenz geführten Tierabteilungen mancher Bau- und Gartenmärkte für sehr wenig Geld „verramscht" werden, ist dies natürlich Wasser auf die Mühlen dieser Verbände und höchst bedenklich. Zum Glück hat sich die Situation zumindest für die Geckos der Gattung *Phelsuma* in letzter

„Zwischenlager" für *Phelsuma lineata* bei einem Händler auf Madagaskar

Zeit entscheidend geändert. Durch ein striktes Exportverbot fast aller Arten aus Madagaskar kommen nur noch einige Arten in kleinen Stückzahlen in den Handel. Zu den Phelsumen, die zurzeit offiziell aus Madagaskar ausgeführt werden dürfen, zählen folgende Arten einschließlich ihrer Unterarten: *P. lineata, P. madagascariensis, P. kochi, P. grandis, P. quadriocellata, P. laticauda* und *P. dubia.* Bei ihnen handelt es sich – mit Ausnahme von *P. madagascariensis boehmei* – um Geckos mit sehr großen Verbreitungsgebieten und einer recht hohen Individuendichte. So kann behauptet werden, dass diese Arten bei einer vernünftig geregelten Fangquote durch den Handel nicht gefährdet sind. Zu bedenken ist aber auch hier die leider sehr hohe Mortalitätsrate der Tiere. Weiterhin spricht gegen den weiteren Massenimport, dass sich mit Ausnahme von *P. madagascariensis boehmei* und der Unterarten von *P. quadriocellata* alle Formen sehr gut im Terrarium vermehren lassen und der Bedarf durchaus mit Nachzuchten abgedeckt werden kann. Anders sieht es allerdings bei Inselbewohnern aus. In letzter Zeit wurden immer wieder Phelsumen von den Komoren (mit Ausnahme der zu Frankreich gehörenden Insel Mayotte) offiziell im Handel angeboten. Diese Arten, speziell *P. comorensis* und *P. v-nigra,* können aufgrund ihres begrenzten Lebensraumes auf einer kleinen Insel tatsächlich durch zu intensives Absammeln in ihrem Fortbestand bedroht werden. In solchen Fällen wäre eine streng überwachte Fangquote sinnvoll. Alle anderen Phelsumenarten dürfen nicht oder nur mit einer Ausnahmegenehmigung aus den jeweiligen Ländern ausgeführt werden. Daher ist eine Bedrohung auch solcher Arten, die nur von einem sehr kleinen Verbreitungsgebiet bekannt sind oder die als selten gelten, durch Handel oder Importe für Terrarienhaltung nicht gegeben. Wünschenswert wäre eine internationale Regelung, die ein gezieltes Importieren von Tieren möglich macht. So könnte z. B. ein Phelsumenpfleger (dies gilt natürlich auch für alle anderen Terrarientiere) eine von ihm gewünschte Art verbindlich bestellen, diese Tiere könnten dann im Ursprungsland gefangen und sofort exportiert werden und damit in kürzester Zeit und ohne die verlustreichen Zwischenhälterungen von der Natur in geeignete Terrarien gelangen. Noch günstiger wäre es, wenn sich Terrarianer mit einer Fanggenehmigung im jeweiligen Vorkommensgebiet eine begrenzte kleine Stückzahl der gewünschten Tiere beschaffen könnten, diese dann gegen Entrichtung eines vom jeweiligen Land festgelegten Betrages offiziell ausführen und damit natürlich auch offiziell ins Heimatland einführen dürften. Bei solch einer Regelung könnten die Tiere unter besten Voraussetzungen transportiert werden und würden nach kürzester Zeit unter guten Bedingungen in für sie eingerichteten Terrarien weiterleben. Natürlich würden solche Regelungen die Wartezeit auf die gewünschten Tiere und auch die Kosten nach oben treiben. Aber da meines Wissens bis jetzt noch kein einziger Todesfall bei Terrarianern eingetreten ist, wenn sie etwas länger auf die von ihnen gewünschten Tiere warten mussten, werden ernsthafte Pfleger dies bestimmt gern in Kauf nehmen. Nun werden einige Tierschützer fragen, weshalb überhaupt Wildtiere gepflegt werden und man dies nicht ganz verbietet. Ohne Zweifel ist die Tierhaltung, auch aus „zweckfreien" Beweggründen, ein altes menschliches Kulturgut. Zudem haben die Erkenntnisse engagierter Tierhalter gerade in den letzten Jahrzehnten erheblich zur Wissenserweiterung über ihre Pfleglinge beigetragen. Ohne Importe würde es auch solche in unseren Terrarien weitverbreiteten und etablierten Formen wie *P. grandis* oder *P. laticauda* hierzulande nicht geben. Diese Arten können den Bedarf für den Handel fast vollständig aus Nachzuchten decken und somit Wildfänge überflüssig machen. Bei etlichen seltenen Phelsumen, wie z. B. *P. klemmeri*, *P. abbotti sumptio* oder *P. hielscheri*, hat sich auch gezeigt, dass mit sehr wenigen Ausgangstieren ein stabiler Terrarienbestand aufgebaut werden konnte und somit selbst bei diesen Arten ein Import eigentlich nur noch zur Erweiterung des Genmaterials erforderlich wäre. Damit wird nicht nur zur Gewinnung von Erkenntnissen oder zum Vergnügen der Terrarianer beigetragen, sondern auch ein wichtiger Beitrag zum Artenschutz erbracht.

Aus dem Blickwinkel des Naturschutzes gibt es aber durchaus auch positive Entwicklungen. So konnte durch die Bemühungen des Durrell Wildlife Conservation Trust aus Jersey die kurz vor der Ausrottung stehende Art *Phelsuma guentheri* im natürlichen Lebensraum auf Round Island (nahe Mauritius) gerettet werden. Durch Nachzuchtprojekte, aber vor allen Dingen durch die Bereinigung der Insel von eingeschleppten Tieren und Pflanzen, konnte der Bestand dieser Art soweit aufgebaut werden, dass die natürliche Population als gesichert angesehen wird. Durch die vorbildliche Arbeit der „Mauritian Wildlife Foundation", welche die weitere Betreuung dieser Art übernommen hat, konnte sogar eine weitere Insel als neue Heimat für *P. guentheri* gewonnen werden. Auf der Insel Ile aux Aigrettes wurden etwa 50 Exemplare ausgesetzt, und diese konnten sich recht gut etablieren. So wurden schon häufiger Adulti wie auch Jungtiere durch Besucher gesichtet, und auch etliche Gelege werden jedes Jahr gefunden. Es besteht also durchaus die Hoffnung, dass die wohl großwüchsigste Art der Gattung *Phelsuma* auch in Zukunft überleben kann. Weiterhin widmen sich die Mitarbeiter der Mauritian Wildlife Foundation auch den anderen Taggeckoarten dieser Insel, hier vor allem *P. guimbeaui* und *P. rosagularis*. An dem Schutzprojekt für *P. guimbeaui* ist auch die IG Phelsuma (siehe „Weitere Informationen") durch Geldspenden beteiligt. Eine weitere Schutzmaßnahme wurde für die Art *P. inexpectata* auf La Réunion ins Leben gerufen. Hier will die Organisation „Nature Océan Indien" diese schönen Taggeckos in ihrem Fortbestand sichern.

Internationaler und nationaler Artenschutz

Da alle Phelsumen geschützte Tiere sind, muss die Einfuhr dieser Arten genehmigt werden. Diese wiederum wird nur gestattet, wenn eine Ausfuhrgenehmigung des betreffenden Landes vorliegt. Somit ist es schon recht schwierig und in den meisten Fällen fast unmöglich, Tiere legal selbst mitzubringen oder zu importieren. Alle Phelsumenarten fallen international unter das Washingtoner Artenschutzabkommen (WA) Anhang II. Innerhalb der EU sind Phelsumen in der Europäischen Artenschutzverordnung unter Anhang B gelistet, ausgenommen *P. guentheri* – diese Art ist unter Anhang A bzw. auf Anhang I des WA eingestuft. Dies bedeutet, dass *P. guentheri* streng geschützt ist und nicht gehandelt, ausgestellt und gepflegt werden darf, es sei denn, eine Ausnahmeregelung liegt vor. Sollten aus einer genehmigten Terrarienhaltung Nachzuchten dieser Art hervorgehen, können diese mit den benötigten Papieren auch gehandelt werden. Für alle anderen Phelsumenarten musste bis vor einiger Zeit eine CITES-Bescheinigung vorhanden sein. Diese Gesetzgebung wurde aber 1997 gelockert. Seitdem muss immer ein sogenannter Herkunftsnachweis bei Abgabe von Taggeckos vom Verkäufer an den Käufer mitgegeben werden. Ein Beispiel für so einen Herkunftsnachweis kann man im Mitgliederbereich der DGHT-Homepage unter www.dght.de abrufen. Es ist unbedingt von einem Kauf abzuraten, wenn der Verkäufer aus irgendwelchen Gründen vorgibt, der Herkunftsnachweis sei nicht nötig. In der Bundesrepublik Deutschland fallen Phelsumen zudem noch unter die Bestimmungen des Bundesnaturschutzgesetzes, des Tierschutzgesetzes und der Bundesartenschutzverordnung (BArtSchV).

Welche behördlichen Bestimmungen muss ich bei der Pflege und Zucht von Phelsumen beachten?

1997 wurde das „Gutachten über Mindestanforderungen an die Haltung von Reptilien" im Auftrag des Bundesministeriums für Ernährung, Landwirtschaft und Forsten, Referat Tierschutz (80 Seiten, erhältlich bei der DGHT-Geschäftsstelle, Postfach 120433, 68055 Mannheim) als Haltungsvorschrift vorgelegt. Es wurde von einer Sachverständigengruppe erstellt. Danach wird offiziell empfohlen, dass bei der Haltung der artgeschützten Geckonengattung *Phelsuma* entsprechende Mindestansprüche erfüllt wer-

Beispiel eines von der Behörde abgesegneten Herkunftsnachweises

alter Besitzer:

Hans - Peter Berghof
Elisenstr. 5
08393 Meerane/Sachsen
Tel.: 03764 47863

neuer Besitzer:

Günther Gecko
Haftzeherstraße 5
0815 Echsenhausen
Tel.: 01234 5678910

Herkunftsnachweis

Zur Vorlage bei Behörden bei der Weitergabe von Tieren der besonders geschützten Arten, Anhang B der Europäischen Gemeinschaft (Cites-Anhang C2 bzw. WA II).
Mein Tierbestand ist im Landkreis Zwickau, beim Landratsamt Zwickau, Amt für Naturschutz, Land- und Forstwirtschaft, Am Sternplatz 7, 08912 Werdau registriert.

Ich versichere, dass das (die) von mir abgegebene (n), nachfolgend aufgelistete (n) Tier (n)

O aus meinem legalen und registrierten Bestand stammt (stammen)

O aus meiner legalen Nachzucht stammt (stammen)

O aus genehmigter Einfuhr, Cites Nr. ....Einfuhr-Nr. .... stammt (stammen)

St	Art	Geschlecht	Alter /Schlupf (Anzahl d. Tiere)	Listennr.
1	Phelsuma grandis	unbekannt	01.01.2013 (1)	001
2	Phelsuma pronki	1,1	02.02.2012 (2)	002 / 003

Ort, Datum: ....

Der Käufer bestätigt mit seiner Unterschrift das die Tiere ohne Beanstandungen übernommen wurden.

Unterschrift des Verkäufers   Unterschrift des Käufers

Hinweis: Die erhaltenen Tiere sind gem. §6 Abs. 2 BartSchV unverzüglich der für Sie zuständigen Behörde zu melden.

den müssen. Die Behältergröße wird nach der Formel 6 × 6 × 8, bezogen auf die Kopf-Rumpf-Länge (KRL) der gepflegten Art, errechnet. Für ein Pärchen Phelsumen mit einer KRL von 6 cm würde dies ein Terrarium mit den Mindestmaßen 48 × 48 × 64 cm (B × T × H) bedeuten (siehe Abschnitt „Terrarientypen und Behältergröße").

Verantwortungsbewusste Phelsumenpfleger, besonders „Anfänger", sollten sich weiterhin kenntnisreich machen und den Ordner „Sachkundenachweis für Süßwasser-, Meereswasser-Aquaristik und Terraristik" studieren sowie möglichst den noch (!) nicht vorgeschriebenen „Sachkundenachweis" erbringen. Den Ordner kann man bei der DGHT oder dem VDA bestellen.

Weiterhin ist zu beachten, dass der Kauf einer oder mehrerer Phelsumen der zuständigen Behörde unter Vorlage einer Kopie des Herkunftsnachweises unverzüglich gemeldet werden muss. Seit Januar 2005 sind von dieser Meldepflicht allerdings *Phelsuma madagascariensis* (einschließlich der in den Artstatus erhobenen *P. grandis* und *P. kochi*) und *Phelsuma laticauda* ausgenommen. Dennoch empfiehlt es sich, einen Herkunftsnachweis auch für diese Taggeckos bereitzuhalten.

In der Regel ist bei Vermehrung von Phelsumen ein Zuchtbuch zu führen, das folgende Daten enthalten soll: Artzugehörigkeit, bei der Pflege von mehreren Paaren von welchen Männchen und Weibchen das Gelege stammt (ist schwierig bis unmöglich bei einer Gruppenhaltung von einem Männchen mit mehreren Weibchen), Tag der Eiablage, Anzahl der abgelegten Eier, Tag des Schlüpfens der Jungtiere.

Diese Daten sind dann auf dem „Herkunftsnachweis" einzutragen, der dem Neuerwerber mitzugeben ist. Weiterhin sind die gleichen Angaben für jedes abgegebene Tier der zuständigen Behörde zu melden, einschließlich Name und Adresse des „neuen Standortes".

Phelsuma grandis (von Cape Est) muss nicht bei den Behörden gemeldet werden

Da es innerhalb der einzelnen Bundesländer und auch EU-Staaten im Umgang mit den Meldevorschriften erhebliche Unterschiede gibt, ist es ratsam, sich vorher mit der jeweiligen Behörde abzusprechen, um eventuellen Unstimmigkeiten vorzubeugen.

Beschaffung und Handhabung

Wildfang oder Nachzucht?

Obwohl es sich schon aus artenschutzrechtlichen Gründen aufdrängt, dass man auf Wildfänge verzichten sollte, kann man diese Frage nicht so einfach beantworten. Natürlich ist jedem, der mit der Pflege von Phelsumen beginnen oder sich eine weitere Art zulegen möchte, anzuraten, auf Nachzuchten zurückzugreifen. Aber auch die schon über viele Generationen nachgezüchteten Arten sind auf irgendwann einmal importierte Wildfänge zurückzuführen. Wie schon im Abschnitt „Schutzstatus" erwähnt, sind heute nur noch wenige Arten als Wildfänge legal über den Handel erhältlich. Obwohl es sich dabei oftmals um sehr schön gefärbte Tiere handelt, die zudem im Regelfall ausgewachsen sind (was eine sichere Geschlechtsbestimmung möglich macht, falls der Händler dazu in der Lage ist), sollte aus verschiedenen Gründen von ihrem Kauf Abstand genommen werden. Der wohl wichtigste Grund ist die bereits erwähnte hohe Sterblichkeitsrate bei importierten Tieren. Die meisten Tiere überleben die Lagerhaltung im Ur-

sprungsland, den Transport sowie die teils haarsträubenden Haltungsbedingungen bei den Großhändlern gar nicht oder nicht gesund. Die Exemplare, die dann zu den Einzelhändlern kommen, sind daher schon sehr geschwächt, dehydriert, gestresst und in den meisten Fällen von Parasiten befallen. Wenn sie dann die oftmals ebenfalls ungeeigneten Verkaufsterrarien beim Zoofachhändler beziehen und nicht schnell verkauft werden, ist ihr Todesurteil meistens gesprochen. Der Anfänger, der dann diese todkranken Tiere erwirbt, wird in den meisten Fällen nicht viel Freude an den Geckos haben. Umso unverständlicher ist diese Situation, als einige Arten, die als importierte Wildfänge in den Handel gelangen, oftmals von mehreren Züchtern regelmäßig und teils in großen Stückzahlen vermehrt werden, sodass der Import von Exemplaren dieser Taxa überflüssig ist. Natürlich sind die angebotenen Nachzuchten in den meisten Fällen Jungtiere, deren Geschlecht noch nicht sicher bestimmt werden kann. Auch sind die Farben bei manchen Arten nicht ganz so leuchtend wie bei Wildfängen, was aber auch manchmal auf eine nicht sehr intensive Beleuchtung bei der Aufzucht zurückzuführen ist. Den bunten, ausgewachsenen Wildfängen stehen aber eingewöhnte, praktisch parasitenfreie und gesunde Nachzuchten gegenüber, deren Alter sogar genau bekannt ist. Ein Grund, immer wieder auf Wildfänge zurückzugreifen, ist, wie ich leider oft selbst erleben musste, dass der interessierte Terrarianer aus häufig unerklärlichen Gründen die gewünschten Tiere so schnell wie möglich haben will. Wenn er dann auch noch eine der selteneren und nicht häufig gezüchteten Arten möchte, kommt schon mal „Unverständnis" über die recht langen Wartezeiten auf. Es sollte aber etwas Geduld mitgebracht werden, zumal wenn es sich nicht um „Standardphelsumen" handelt.

Porträt einer *Phelsuma abbotti sumptio* von Assumption
Foto: D. Hansen

Vor dem Kauf

Eigentlich ist nichts schlimmer als ein emotionaler Spontankauf von Tieren. Leider kommt es immer wieder vor, dass ein Terrarianer (manchmal ist die betreffende Person aber nicht einmal Terrarianer) eine Phelsume sieht, sie für hübsch oder interessant befindet und ohne lange zu fragen oder nachzudenken kauft. Zu Hause beginnt dann die krampfhafte Suche nach einem mehr oder meist weniger geeigneten Behälter, um das Tier unterzubringen. Dann kommt die große Frage: „Was frisst denn eigentlich so eine Phelsume?" (das gibt es wirklich!). Nun wird herumtelefoniert oder im Internet nach Antworten auf alle möglichen Fragen gesucht. Dabei kann schon wertvolle Zeit vergehen, die dem Tier eventuell fehlt, um sich richtig einleben zu können. Oft bedeutet dies sogar den Verlust der Neuerwerbung. Wenn man sich dann überlegt, dass die ja nicht ganz billigen Tiere einfach mal so gekauft werden, aber für ein Fachbuch, das oftmals preiswerter ist, kein Geld ausgegeben wird, kann man dafür kein Verständnis aufbringen. In Extremfällen werden banale Fragen zu Haltung und Pflege per Internet gestellt, obwohl ein Fachbuch vorhanden ist. Es muss eben auch gelesen werden ...

All dies ist natürlich nicht der richtige Weg. Wenn man entschlossen ist, sich mit der Pflege von Taggeckos zu beschäftigen, sollte man sich davor einige grundlegende Gedanken machen. Als Erstes ist es ratsam, sich Fachliteratur zu besorgen, um sich einen Überblick über die Arten und die Ansprüche der Geckos zu verschaffen. Auch das Internet (empfehlenswert: z. B. www.ig-phelsuma.de) bietet – neben jeder Menge Ausschuss – viele gute Möglichkeiten, Informationen zu bekommen. Wenn dann anhand von Bildern die Wunschphelsumen feststehen, sollte man sich erst erkundigen, ob diese auch erhältlich sind. Falls ja, sollten sich besonders noch unerfahrene Terrarianer über die eventuell auftretenden Probleme bei besonders heiklen Arten informieren und sich genau überlegen, ob es denn unbedingt so eine „Problemphelsume" sein muss. Bevor man nun auf die Suche nach einem Züchter geht, muss noch Folgendes bedacht werden: Taggeckos können je nach Art und Größe zwischen sechs und 20 Jahre alt werden. Die Energiekosten für Beleuchtung und Beheizung des/der Terrarien sind nicht unerheblich. Und die leider ständig steigenden Stromkosten lassen diese auch noch höher klettern. Das Futter kostet ebenfalls, ob nun gekauft oder selbst gezüchtet, monatlich einen bestimmten Betrag. Weiterhin muss bedacht werden, dass pro Tier mindestens 5–10 Minuten, meist mehr, an täglichem Pflegeaufwand anfallen. Und nicht zuletzt sollte auch an einen Ersatzpfleger gedacht werden, der während Abwesenheit (Urlaub, arbeitsbedingt, Krankheit) diese Aufgaben übernimmt. Wenn diese Dinge alle abgewogen und für machbar empfunden wurden, kann an eine Anschaffung gedacht werden.

Umgang mit dem Internet

Bei der Internet-Recherche nach Informationen über die artgerechte Pflege und Vermehrung von Taggeckos (und allen anderen Reptilien) zeigt sich recht schnell, dass „Fluch und Segen" dieses Mediums sehr dicht zusammenliegen. Immer wieder treten insbesondere Anfänger an mich heran und fragen: „Wie muss ich denn nun meine neuen Taggeckos unterbringen oder füttern? Ich habe im Internet nachgeschaut, und dort schreibt jeder etwas anderes". Es ist tatsächlich so, dass das Informationsmaterial durch die Vielzahl an Beiträgen und Websites sehr verwirrend und unübersichtlich geworden ist. Es gibt durchaus recht viele sehr gute und mit richtigen Informationen ausgestattete Internetseiten, die sogar so manchen „alten Hasen" aufhorchen lassen und einige neue Tricks und Hinweise beinhalten. Aber leider gibt es auch sehr viele Seiten, die nur eingestellt wurden, um sich zu profilieren. Aufgrund der doch oft geringen Erfahrung solcher Pfleger findet man immer wieder völlig unsinnige Tipps bis hin zu äußerst schädlichen Haltungshinweisen für unsere Pfleglinge. Dies ist möglich, weil in diesem Medium jeder seine Meinung einstellen kann, ohne dass dies von erfahrenen Fachleuten gegengelesen wird. Das ist der große Unterschied zu gedruckter Literatur, welche in der Regel von Verlagen veröffentlicht und meist von unabhängigen Experten gegengelesen wird. Im Zweifelsfalle lassen sich die Redakteure bestimmte, möglicherweise missverständliche Informationen vom Autoren bestätigen. Ich kann darum nur dringend empfehlen, sich vor der Anschaffung von Tieren mit geeigneter Literatur auszustatten und/oder Informationen von erfahrenen Züchtern einzuholen. Natürlich ist das Internet zur Literatursuche oder zum Herunterladen von frei zugänglichen PDF-Dateien bestimmter Fachartikel eine hilfreiche und nützliche Einrichtung. Ebenfalls wird jeder neue Taggeckopfleger mit etwas Erfahrung schnell selbst unterscheiden können, welche Website nun gute oder weniger hilfreiche Informationen bietet. Hier möchte ich auch noch mal auf die Internetseite der IG Phelsuma (www.ig-phelsuma.de; siehe auch „Weitere Informationen") hinweisen, welche die wohl umfangreichste ihrer Art ist.

Wo kaufen?

Diese Frage kann eigentlich nicht eindeutig beantwortet werden. Jeder muss für sich selbst entscheiden, wo er seine Tiere kaufen möchte. Aus den zuvor genannten Gründen ist der Kauf von Taggeckos (und auch anderen Tieren) in den Zooabteilungen von Baumärkten oder Gartengroßmärkten grundsätzlich abzulehnen. In den meisten Fällen werden dort die Tiere unter schlechten Bedingungen gehalten, und die Fachberatung lässt oft sehr zu wünschen übrig.

Eine bessere Option sind Zoofachgeschäfte, am besten solche, die sich auf Terraristik spezialisiert haben (siehe z. B. Anzeigen in der REPTILIA und TERRARIA). Aber auch diese sollten mit Skepsis betrachtet werden, denn hier gibt es leider – neben guten Fachgeschäften – immer noch schwarze Schafe unter den Händlern, die nur auf ihren Gewinn aus sind und versuchen, sichtlich kranke Tiere zu verkaufen. Dem kann man entgegentreten, indem der zuvor belesene Terrarianer einige allgemeine Fragen zu den Phelsumen stellt und die Verkaufsanlage kritisch begutachtet. Anhand der Antworten und des Zustands der Becken im Laden kann schon abgeschätzt werden, ob der Händler sich mit diesen Tieren etwas auskennt und sie dementsprechend richtig in seinem Geschäft untergebracht hat. Ein Kauf aus Mitleid, weil ein Tier in einem erbärmlichen Zustand gesehen wurde, ist abzulehnen, da auch dies den Händler ermuntert, weitere Tiere einzukaufen.

Ein anderes Thema sind die zahlreichen Börsen, die in vielen Städten über das Jahr verteilt abgehalten werden. Dort werden neben den Tieren gewerblicher Händler auch viele Nachzuchten von Terrarianern angeboten. Hier empfiehlt es sich, als Erstes das Gespräch zu suchen. Ein verantwortungsvoller Züchter gibt gern detaillierte Auskunft über die Ansprüche seiner Tiere und verrät auch Tipps zur Pflege der betreffenden Art. Wenn er sich dann auch noch nach den Bedingungen erkundigt, die der Käufer seinen Phelsumen bieten kann, geschieht dies nicht etwa aus Hochnäsigkeit, sondern aus Verantwortungsgefühl gegenüber seinen Geckos. Deshalb sollte man solche Züchter nicht vorschnell als arrogant abtun, sondern sich genau erklären lassen, wie die Behälter beschaffen und eingerichtet sein sollen. Nach der Umsetzung der Ratschläge kann man sich wieder bei dem betreffenden Züchter melden. Es wird kaum einen geben, der dann die gewünschten Tiere nicht abgibt. Weiterhin sieht man immer wieder Leute, die auf Börsen, teils auch in Eigeninitiative, importiere Wildfänge anbieten. Wenn diese Tiere einen guten Eindruck machen, die erforderlichen Papiere vorhanden sind und von diesen Arten auch nach längerem Suchen keine Nachzuchten zu bekommen sind, ist gegen einen Kauf nichts einzuwenden.

Die beste Art, an die gewünschte Phelsume zu kommen, ist die Kontaktaufnahme mit einem Züchter. Dies geschieht über Anzeigen, die im Internet (z. B. auf www.reptilia.de oder im Mitgliederbereich der DGHT) zu finden sind, oder durch Mund-zu-Mund-Propaganda. Eine weitere Möglichkeit ist das von der „Interessengruppe *Phelsuma*" eingerichtete Kontakttelefon. Dort werden die Interessenten an entsprechende Züchter weitervermittelt.

Ist der Kontakt erst hergestellt, gibt es viele Möglichkeiten, an die Tiere zu gelangen. Man kann ein Treffen auf einer Tagung oder einer Börse vereinbaren, die Tiere durch Bekannte mitbringen lassen oder sie sich mit einem speziellen Versand zuschicken lassen (ein Versand mit der Deutschen Post AG ist unzulässig!). Dies wird aber von etlichen Züchtern abgelehnt. Der beste Weg ist immer ein persönlicher Besuch. Dabei können die gewünschten Tiere vor dem Kauf betrachtet oder sogar ausgesucht, die Elterntiere sowie die Haltungsbedingungen angeschaut und auch noch weitere Fragen vor Ort beantwortet werden. Oftmals entstehen dadurch sogar nähere Kontakte oder Freundschaften.

Geschlechtsunterschiede bei Phelsumen

Die Geschlechtsbestimmung innerhalb der Gattung *Phelsuma* gestaltet sich mitunter sehr schwierig. Bei ausgewachsenen Tieren ist sie mit etwas Sachkenntnis in den meisten Fällen zwar möglich; allerdings wird es bei semiadulten, d. h. halbwüchsigen Tieren, schon problematischer. Hier kann man oftmals nur mithilfe einer Lupe anhand vorhandener oder fehlender Anal- und Schenkelporen eine halbwegs sichere Aussage zum Geschlecht eines Tieres machen. Bei halbwüchsigen Exemplaren der Arten *P. serraticauda*, *P. flavigularis*, *P. berghofi*, *P. hielscheri*, *P. barbouri* und teilweise bei *P. sundbergi* ssp. ist jedoch auch die vorgenannte Maßnahme wenig hilfreich. Nahezu unmöglich ist die Geschlechtsbestimmung bei Jungtieren – zumindest mit den Mitteln, die dem Durchschnittsterrarianer zur Verfügung stehen. Hin und wieder behaupten einige Züchter, dass bestimmte Merkmale bereits nach dem Schlupf eines Jungtieres eine sichere Geschlechtsbestimmung zuließen. Solange hier aber noch aussagekräftige Untersuchungen fehlen, sind diese Merkmale rein spekulativ. Mitunter werden Jungtiere mit sicherer Geschlechtsangabe angeboten. In solchen Fällen sollte man schon sehr skeptisch sein, da dies oftmals lediglich als Anreiz für

Fehlende Präanofemoralporen bei einem ausgewachsenen Weibchen von *P. grandis*

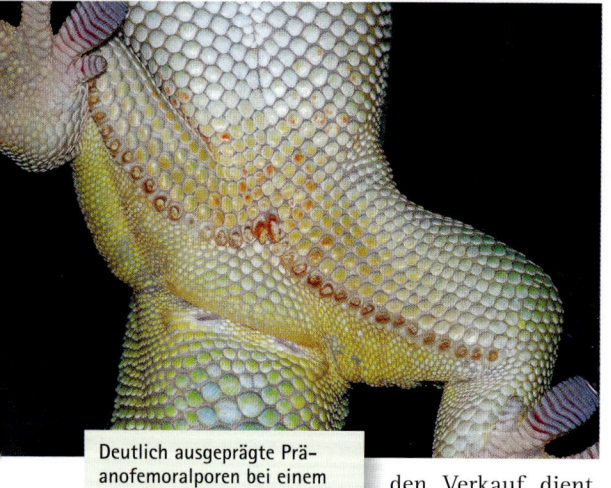

Deutlich ausgeprägte Präanofemoralporen bei einem ausgewachsenen Männchen von *P. grandis*

ren die Betrachtung der eingangs erwähnten Anal- und Schenkelporen (Präanofemoralporen). Diese Poren bestehen bei Männchen aus Drüsen, die auf der Innenseite der Oberschenkel und oberhalb des Kloakalbereiches als punktierte Linie zu erkennen sind und hier ein mehr oder weniger deutliches, oben auseinandergezogenes „V" bilden. Die Drüsen befinden sich im Zentrum meist vergrößerter Schuppen und können besonders bei älteren Männchen durch ausgetretenes und verhärtetes Sekret eine Art Kamm bilden. Bei den Weibchen sind zwar auch in der gleichen Anordnung vergrößerte Schuppen zu erkennen, doch sind hier keine Drüsenöffnungen oder gar Sekretzapfen vorhanden. Bei den Männchen etlicher Arten können sich die Schuppen um die Kloakalregion sowie die Innenseiten der Oberschenkel gelblich färben. Weiterhin sind bei normal ernährten Männchen unterhalb des Kloakalspaltes die beiden Hemipenistaschen (Echsen besitzen als Begattungsorgane zwei Hemipenes) als Verdickung zu erkennen. Bei Tieren, die infolge „guter Ernährung" eine stark aufgetriebene Schwanzwurzel haben, ist dieses Unterscheidungsmerkmal allerdings meist hinfällig. Die Weibchen der Arten *P. serraticauda* und *P. flavigularis* können durch außergewöhnlich deutliche Verdickungen im Schwanzwurzelbereich den ungeübten Betrachter täuschen und ihn glauben lassen, dass es sich dabei um Hemipenistaschen und damit bei den Tieren um Männchen handle.

Weitere, allerdings nicht immer hilfreiche Merkmale sind ein kräftigerer Körperbau, größere Körpermaße und oft auch eine intensivere Färbung der Männchen. Diese äußeren Geschlechtsmerkmale haben jedoch nur dann einen Wert, wenn eine größere Anzahl erwachsener Exemplare beider Geschlechter zur Verfügung steht. Außerdem sollte man auch bedenken, dass es bei den Tieren aufgrund unterschiedlicher Ernährung zu unterschiedlichem Körperwachstum, unabhängig vom Geschlecht, kommen kann. Auch bei der Farbin-

den Verkauf dient. Seriös ist solch eine Handlungsweise auf keinen Fall. In der Tat gibt es zwar einige Arten, wie *P. klemmeri*, *P. nigristriata* oder *P. mutabilis*, bei denen auch ich meine, bereits bei Schlüpflingen eine relativ sichere Aussage zum Geschlecht machen zu können; aber selbst hier ist es eher eine „Entscheidung aus dem Bauch heraus" als ein wissenschaftlich belegbarer Nachweis. So bleibt als wirklich sichere Methode der Geschlechtsbestimmung bei erwachsenen Tie-

tensität kann es durchaus sein, dass manche Weibchen die artgleichen Männchen „blass" aussehen lassen. Innerhalb der Gattung *Phelsuma* kommt es wohl nur bei *P. modesta* ssp., *P. hoeschi* und *P. pusilla hallmanni* zu einem echten Geschlechtsdichromatismus (deutlich unterschiedliche Färbung der Geschlechter). Bei diesen Formen sind die Männchen mit kräftigen Farben – meist Grün, Blau und Rot – ausgestattet, während die Weibchen unscheinbarer graubraun bzw. olivgrün sind (siehe auch Artbeschreibungen). Bei den genannten Arten tragen die Jungtiere (auch die Männchen) in den ersten Monaten die Weibchenfärbung.

Wie erkenne ich gesunde Tiere?

Bevor Sie einen Gecko erwerben, sollten Sie ihn einer gründlichen visuellen Untersuchung unterziehen. Ein besonders schön gefärbter Taggecko bedeutet noch lange nicht, dass es sich auch um ein gesundes Tier handelt. Wie schon erwähnt, ist gerade bei Phelsumen hin und wieder das Phänomen zu beobachten, dass todkranke Tiere kurz vor ihrem Ableben die schönste Prachtfärbung zeigen. Auch ein Gecko in einer Klarsichtdose auf einer Börse kann wegen Stress seine ganze Farbenpracht oder aber eine sehr dunkle Grundfarbe zeigen. Ist er dann erst in einem Terrarium untergebracht und zur Ruhe gekommen, wird er seine natürlichen Farben sehen lassen und nur noch bei besonderen Anlässen (Balz, Revierstreitigkeiten) diese extrem bunte Färbung oder bei Unwohlsein die dunkle Farbe zeigen. Auch kann man oft bei schlafenden Taggeckos ihre Prachtfärbung sehen. Demzufolge ist die Färbung nicht unbedingt ein geeignetes Merkmal, um auf den Gesundheitszustand Rückschlüsse zu ziehen. Bedenkliche Merkmale sind hingegen eingefallene Augen, Verformungen der Maulregion, allgemeine Verkrümmungen des Körpers und der Extremitäten, apathisches Verhalten, sehr auffällige, nicht verheilte oder gar nässende Wunden und sich anormal fortbewegende Tiere. Bei solchen Exemplaren ist von einem Kauf abzuraten.

Obwohl Phelsumen in der Natur oft sehr schlank sind, sollte man bei Wildfängen trotzdem skeptisch sein, da es sich im Falle sehr dünner Tiere nicht nur um eine schlechte Ernährung (die meist problemlos wieder ausgeglichen werden kann), sondern in vielen Fällen um eine starke Dehydrierung handeln kann. Diese ist oftmals nicht ohne Probleme wieder in den Griff zu bekommen. Von extrem abgemagerten Nachzuchttieren sollte man auf jeden Fall die Finger lassen. Ein gutes Zeichen für gesunde und vitale Tiere ist, wenn die Geckos interessiert ihre Umgebung beobachten, die Körperproportionen normal und die Tiere eher scheu sind sowie ein normales Fluchtverhalten zeigen und keine Anzeichen von Rachitis (Knochenerweichung) aufweisen. Nicht allzu große Bissverletzungen, die neu oder schon verheilt sind, fehlende Schwanzspitzen, ja sogar einzelne fehlende Gliedmaßen sind zwar ein teils beträchtlicher Schönheitsfehler, aber in Bezug auf Gesundheit oder Fortpflanzungsfähigkeit meist nicht von Bedeutung. Auch ein Weibchen, das deutliche Spuren einer Rachitis aufweist, aber durch Behandlung wieder fit ist, kann noch viele Eier legen und damit für Nachwuchs sorgen. Hier gilt es abzuwägen, ob man solche Tiere kauft. Befürworten kann man dies auf jeden Fall, wenn es sich um ein seltenes Gegenstück zu einem schon vorhandenen Gecko handelt und damit eine Zuchtgruppe gebildet werden kann.

Transport

Manchmal kann man beobachten, dass recht abenteuerliche Behältnisse verwendet werden, um Geckos von A nach B zu bringen. So kann man von komplett eingerichteten Terrarien über Plastikterrarien mit vielen Ästen und Bodengrund, Kunststoffbehältern, Pappröhren oder Kartons bis zu Leinensäckchen Verschiedenes finden, worin die Tiere transportiert werden sollen. Oftmals kommen aber auch Interessenten zu den Züchtern und haben gar keine Behälter dabei. Zwar haben die Züchter meistens geeignete Behältnisse vorrätig, aber einen besseren Eindruck macht es, wenn man als Käufer vorbereitet ist und einige geeignete Behälter mitbringt. In Bezug auf Beschaffenheit, Größe und „Einrichtung" dieser Transportbehälter soll man sich aber immer den Zweck eines Transportes vor Augen halten. Wenn ich Phelsumen transportiere, geschieht es – von Tierarztbesuchen einmal abgesehen – doch nur aus einem einzigen Grund: Die Tiere sollen in ein anderes Domizil. Und dies sollte so schnell und stressfrei wie möglich geschehen. Völlig ungeeignet dazu sind komplett eingerichtete Terrarien. Die Einrichtungsgegenstände können verrutschen und den Gecko unter sich begraben oder einklemmen. Gleiches gilt für Plastikterrarien mit vielen Ästen. Die leider auch auf Börsen teilweise verlangte Auflage, die Transportdosen mit Sand, Erde, Rindenstückchen oder anderem Bodenmaterial auszustatten, halte ich ebenfalls für ungeeignet und sogar gefährlich. Bei ruckartigen Bewegungen können die

Tiere darunter verschüttet werden, oder sie bekommen das Substrat ungewollt ins Maul, was durchaus zu Erstickungen führen kann. Weiterhin ist es völlig unsinnig, wenn der Gecko in einem Behälter, der nach allen Seiten transparent ist, durch die Welt getragen oder sogar im Auto auf die Hutablage gestellt wird, „damit er auch schön viel von der Umgebung sehen kann". Ein transportierter Taggecko hat voll und ganz mit sich selbst zu tun und möchte mit Sicherheit nicht die für das menschliche Auge vielleicht durchaus reizvolle Landschaft betrachten. Meine Erfahrungen haben gezeigt, dass für den Transport am besten stabile, gut belüftete und nicht zu große Behältnisse geeignet sind. Dazu können für kleinere Arten oder Jungtiere durchaus die bekannten Grillendosen verwendet werden. Nur sollten noch einige kleine Löcher mehr zur Belüftung in die Dosen gestochen werden, um einen noch besseren Gasaustausch zu ermöglichen. Für größere Arten sind entsprechende Plastikterrarien sehr geeignet. Wenn es der Platz erlaubt, ist pro Tier ein Behälter zu verwenden. In den Behälter gibt man ein Stück Zellstoff (Küchenrolle, Papiertaschentuch, Toilettenpapier). Dieses dient als Versteckmöglichkeit für den Gecko und bindet eventuell abgegebenen Kot schnell. Bei

Eine Styroporbox mit Plastikdosen, in denen sich nur Papier und ein fest verankerter Kletterast befinden, sind sehr gut für Transporte geeignet

längerem Transport, besonders in sehr warmen Zeiten, kann das Papier etwas angefeuchtet werden, damit der Gecko nicht überhitzt. Falls die Tiere länger als einen Tag in dem Behälter bleiben sollen, müssen mindestens einmal täglich einige Tropfen Wasser an den Deckel oder die Plastikwand des Behälters gesprüht werden, damit die Phelsume ihren Durst stillen kann. Auf keinen Fall sollte das Papier tropfnass sein! Auf Futter sollte man für die Zeit des Transportes verzichten. Günstig ist auch, wenn man ein Stück eines stabilen Blattes mit in den Behälter klemmt. Dieses birgt keine Verletzungsgefahr für den Gecko, er kann sich aber daran festhalten oder, wenn es etwas eingerollt ist, darin zurückziehen, was dem natürlichen Verhalten entgegenkommt. Die Behälter sind dann in einer dunklen Tasche oder Box zu transportieren. Durch die Dunkelheit beruhigt sich das Tier meist sehr schnell. Am besten sind dafür Styroporboxen oder Thermoboxen geeignet. Durch diese isolierenden Behälter ist auch eine einigermaßen stabile Temperatur gewährleistet. Sind die Behälter im Auto untergebracht, ist unbedingt darauf zu achten, dass sie nicht der direkten Sonneneinstrahlung ausgesetzt werden, um Überhitzung zu vermeiden. Grundsätzlich gilt, dass die Tiere beim Transport niedrige Temperaturen besser vertragen als sehr hohe.

Quarantäne

Wenn Phelsumen neu erworben werden und schon ein gesunder Tierbestand vorhanden ist, sollten die Neuzugänge in separaten Behältern untergebracht werden. Handelt es sich bei den Neuerwerbungen um Nachzuchttiere von einem bekannten Züchter, kann die Quarantäne unter Umständen wegfallen. Aber auch gesunde Tiere sind unter Umständen Träger von Krankheitserregern. Diese können sich durch den Stress des Transportes und der Eingewöhnungsphase so stark vermehren,

dass sie einem Krankheitsausbruch Vorschub leisten. Auf alle Fälle ist eine vier- bis sechswöchige Quarantäne anzuraten, wenn es sich um Wildfänge oder um Tiere unbekannter Herkunft handelt. Dazu setzt man die Geckos, wenn möglich einzeln, in gut zu reinigende Terrarien. Die Behälter sollten so eingerichtet sein, dass sich die Tiere nicht zu sehr verstecken können und eine Kontrolle ohne langes Suchen möglich ist. Die Einrichtung besteht aus 1–2 glatten Ästen oder Bambusstangen; eine Kunststoffpflanze bietet etwas Versteckmöglichkeit. Als Bodengrund empfiehlt sich auch hier Zellstoff. Dieser nimmt Verunreinigungen gut auf, ist schnell auszuwechseln und erleichtert die Kotentnahme, falls eine Kotuntersuchung erforderlich wird. Diese sollte vorgenommen werden, wenn das Tier nach einigen Tagen trotz unterschiedlichen Futterangebots nichts frisst und abzumagern beginnt. Am günstigsten ist es, die Kotuntersuchung von einem Tierarzt (eine Liste reptilienkundiger Tierärzte kann unter www.dght.de eingesehen werden) oder einem entsprechenden Institut (siehe „Weitere Informationen") vornehmen zu lassen, da diese bei einem entsprechenden Befund auch gleich die Gegenmaßnahmen einleiten bzw. Therapievorschläge geben können.

Sind die Tiere im Quarantänebecken untergebracht, werden sie genau wie alle anderen versorgt. Besonders wichtig ist es, Neuzugänge erst einmal in Ruhe zu lassen, und es ist so wenig wie möglich am und im Behälter zu hantieren. Zeigen die Tiere in den kommenden Wochen keine Auffälligkeiten und haben sie sich gut eingewöhnt, können sie mit den vorhandenen Partnern vergesellschaftet und in den vorgesehenen Terrarien untergebracht werden. Die Quarantäneterrarien können natürlich auch genutzt werden, wenn ein Tier aus dem eigenen Bestand Anzeichen einer Erkrankung aufweist oder wenn Tiere wegen Unverträglichkeit für einige Zeit getrennt werden müssen.

Fang und Handhabung

Der Titel dieses Abschnittes kann durchaus etwas irreführend sein. Es soll hier auf keinen Fall erklärt werden, wie man am besten mit den Tieren spielen kann oder sie durch Herausfangen zur Schau stellt. Es muss von Anfang an klar sein, dass Phelsumen (wie auch die meisten anderen Reptilien) keine Tiere sind, mit denen man körperlichen Kontakt haben sollte oder gar „Schmuseeinheiten" austauschen kann. Das Hantieren mit den Tieren muss immer durch eindeutige Gründe gerechtfertigt sein. Dazu gehört z. B. das Herausfangen aus dem Terrarium wegen Beißereien, Krankheitsanzeichen eines Tieres, zur Zusammenstellung von Paaren oder wenn man Tiere abgeben möchte. In solchen Fällen hat es sich gut bewährt, die Geckos mithilfe einer glasklaren Kunststoffdose einzufangen. Dazu wird mit Ruhe versucht, den zu fangenden Gecko mithilfe der anderen Hand oder eines Stöckchens in die von ihm nicht eindeutig zu erkennende Dose zu manövrieren und diese schnell mit dem Deckel zu verschließen. Recht hilfreich ist es, zuvor die gesamte Einrichtung des Terrariums kräftig zu überbrausen, da die Haftlamellen der Geckos auf den feuchten Einrichtungsgegenständen nicht so gut haften und sie dadurch in ihren Bewegungen etwas eingeschränkt sind. Fast jeder Phelsumenpfleger wird schon einmal erlebt haben oder es erleben, dass einer seiner Pfleglinge die Welt außerhalb des ihm zugedachten Terrariums genauer betrachten möchte. In den meisten Fällen kann die beim Ausreißer entstandene Schreckminute genutzt werden, ihn wieder einzufangen. Auch hier ist das wichtigste Gebot: Ruhe. Bei hektischen Bewegungen reagiert die Phelsume umso heftiger und versteckt sich meist schnell in den unmöglichsten Ecken des Zimmers. Mit der schon genannten transparenten Dose ist so mancher Flüchtling schnell wieder eingefangen und kann ins Terrarium zurückgesetzt werden. Falls dies nicht gelingt, heißt es: Geduld haben sowie Fenster und Türen geschlossen halten, bis der Ausreißer wieder eingefangen wurde.

Wenn ein Gecko erst einmal für längere Zeit frei im Zimmer lebt, ob nun gewollt oder ungewollt, sieht die Sache etwas anders aus. Dann kennt das Tier alle Ecken und Winkel

Köderdose mit Futterinsekten zum Anlocken für entlaufene Phelsumen

Dieselbe Köderdose mit eingefangener *P. abbotti sumptio*

Verfasser beim Fotografieren einer *Phelsuma madagascariensis boehmei* im Garten
Foto: M. Berghof

und wird sich bei Beunruhigung sofort in die sichersten Verstecke zurückziehen. Wenn nun so ein Tier gefangen werden soll, hat sich folgende Methode als sehr effektiv erwiesen: Man stellt ein nicht zu kleines Plastikterrarium in der Nähe des Rückzugswinkels des Geckos auf. In das Plastikterrarium werden täglich 1–2 Grillen gesetzt, und die kleine Öffnung im Deckel wird offen gehalten. An dem durchsichtigen Deckel befestigt man eine dünne Schnur. Wenn sich der Gecko an diese Fütterung gewöhnt hat, kann man ganz gezielt die Futtertiere einbringen, etwas abseits abwarten, bis der Gecko zum Fressen in den Behälter geht, und mit der Schnur den Deckel schließen. Das Ganze benötigt zwar eine entsprechende Portion Geduld, aber es bereitet dem Tier und auch dem Fänger deutlich weniger Aufregung als eine oftmals längere Jagd durch das Zimmer. Sehr sicher und unproblematisch können Phelsumen umgesetzt werden, wenn die Möglichkeit besteht, den Aufzuchtbehälter oder sogar das Terrarium auf ein Stück kurz gemähte Wiese zu stellen. Dort dürfen aber in einem Umkreis von etwa vier Metern keine Büsche oder Bäume stehen. Falls nun der zu fangende Gecko nicht in die Dose, sondern aus dem Terrarium springt, landet er auf der Wiese. Im Gras bewegen sich Phelsumen aber nur sehr unbeholfen fort und können ohne große Probleme eingefangen werden. Die einzige mir bekannte Ausnahme bildet *P. barbouri*. Diese Art kann sich durchaus sehr gut im Gras fortbewegen und muss auch hier mit größter Aufmerksamkeit behandelt werden.

Die von mir häufig angewandte Methode des Fangs mit der Hand sollte erfahrenen Pflegern mit dem erforderlichen Fingerspitzengefühl und entsprechendem Reaktionsvermögen vorbehalten bleiben. Bei Arten mit sehr verletzlicher Haut (*P. breviceps, P. madagascariensis madagascariensis*) ist davon grundsätzlich abzuraten. Wenn es doch einmal erforderlich sein sollte, eine Phelsume in der Hand zu halten, darf dies nicht zu zaghaft geschehen. Sobald sich das Tier zwischen den Fingern herumwinden kann, ist die Verletzungsgefahr durch Einreißen der Haut sehr groß. Man sollte also nur in absoluten Ausnahmefällen, wie z. B. bei Häutungsschwierigkeiten, ein Tier in die Hand nehmen.

Fotografieren von Phelsumen

Wer möchte nicht auch einige schöne Bilder von seinen Pfleglingen haben? Aber leider sind die Tiere im Terrarium nur sehr selten kooperativ und setzen sich in die vom Fotografen gewünschte Pose. Oft sind Einrichtungsgegenstände im Wege, oder der Gecko versteckt sich in Ecken des Terrariums, in denen

Verfasser beim Fotografieren einer Phelsume am Strand auf Mayotte
Foto: P. Krause

keine vernünftigen Aufnahmen von dem Tier gemacht werden können. Die besten Möglichkeiten für das Fotografieren dieser recht kleinen Tiere bieten sich mit einer Spiegelreflexkamera. Diese sollte mit einem Makroobjektiv oder besser noch mit einem Teleobjektiv mit Makrofunktion ausgestattet sein, das hat den Vorteil, dass die Tiere zwar auch wie mit einem normalen Makro formatfüllend aufgenommen werden können aber der Abstand zwischen Tier und Kamera deutlich größer ist. Dadurch werden die Tiere nicht so sehr beunruhigt und zeigen ein deutlich natürlicheres Verhalten. Aber auch mit modernen Digitalkameras mit Makrofunktion lassen sich gute Bilder machen. Diese bieten sich besonders an, um spontane Situationen aufzunehmen, da sie, wenn bereitliegend, schnell einsatzbereit sind. Ein nicht zu unterschätzender Vorteil ist weiterhin, dass sofort überprüft werden kann, ob das Bild die gewünschte Aussagekraft hat. Um die Objekte immer gut zu belichten, sollte immer ein Blitz verwendet werden. Jedoch sind bei Terrarienfotos, auch bei Verwendung des Blitzes, oftmals die Farben der Tiere etwas verfälscht. Dies wird durch die Beleuchtung mit dem eingesetzten Kunstlicht hervorgerufen. Um schöne und vor allen Dingen gut belichtete Aufnahmen zu erhalten, kann wiederum die oben genannte Wiese genutzt werden. Der Umstand, dass unsere Phelsumen (bis auf *P. barbouri*!) im Gras recht unbeholfen sind, kann auch zum relativ gefahrlosen Fotografieren dieser Tiere genutzt werden. Dazu stellt man einige Äste oder eine Pflanze auf die möglichst kurz gemähte Wiese und setzt den Gecko darauf. Natürlich muss man dazu einen sonnigen aber nicht zu warmen Tag auswählen. Die besten Ergebnisse hatte ich bei wenig Wind und Temperaturen zwischen 25 und 30 °C. Wenn es zu warm ist, flüchten die Tiere sehr schnell auf die schattige Seite des Astes und können sogar, in Verbindung mit dem dann entstehenden Stress, Schaden nehmen. Sobald sich die Tiere an die ungewohnte Umgebung gewöhnt haben, was meist sehr schnell geht, zeigen sie, angeregt durch das Sonnenlicht, ihre schönsten Farben, und dem Fotografieren steht nichts mehr im Wege. Sehr empfehlenswert ist es, eine zusätzliche Person zu bitten, die Geckos beim Fotografieren zu beobachten. Wenn die Tiere nämlich gerade dann vom Ast springen, wenn man selbst durch den Sucher der Kamera schaut, um

Phelsuma roesleri
Foto: J. Köhler

das Objekt einzufangen und scharf zu stellen, wird es recht schwierig, den Fluchtweg nachzuvollziehen. Diese kurze Zeit kann der Gecko nutzen, um sich schon etwas zu entfernen und zu verstecken.

Ebenso kann man natürlich auch verfahren, wenn man die natürlichen Lebensräume unserer Phelsumen besucht. Auch hier wird es immer wieder Situationen geben, in denen keine vernünftige Aufnahme zustande kommen kann. Durch ungünstiges Wetter (zu kühl, regnerisch oder zu dunkel), nachts gefundene oder auch auf unnatürlichem und unpassendem Untergrund verweilende Tiere kann es durchaus vorkommen, dass zum einen die Geckos keine schönen Farben zeigen oder die Bilder insgesamt nicht zufriedenstellend werden können. Hier bietet es sich an, zu versuchen, den Gecko einzufangen und nach dem „Shooting" an einem geeigneten Ort in der unmittelbaren Umgebung wieder auszusetzen. Bei ungünstigen Witterungsverhältnissen ist es manchmal vorteilhaft, den Gecko bis zum nächsten Tag in einem geeigneten Behältnis unterzubringen, um am nächsten Tag bei guten Wetterverhältnissen (am besten morgens bei Sonnenschein) schöne Aufnahmen von dem Tier zu machen. Auch hier kann es sehr von Vorteil sein, eine frei stehende Konstruktion aus natürlichen Materialien aufzubauen, auf welche der Gecko gesetzt wird. Dies hat auch im natürlichen Lebensraum den Vorteil, dass der Gecko sich relativ schnell entspannt und meist einen Platz zum Sonnen aufsucht, ohne dass die Gefahr besteht, dass der Gecko flüchtet. Meist wird schon in kurzer Zeit die Prachtfärbung gezeigt, und den Aufnahmen steht nichts mehr im Wege. Für den Fotografen hat so eine frei stehende Installation den großen Vorteil, ungehindert darum herumlaufen zu können und das Tier, ohne es zu stören, von allen Seiten fotografieren zu können. Selbstverständlich ist dabei unbedingt zu beachten, dass dem Tier beim Fang und der Unterbringung kein Schaden zugefügt wird und auch die gesetzlichen Bestimmungen des jeweiligen Landes beachtet werden. Wie eingangs erwähnt, ist es wichtig, das gefangene Tier nach der Fotosession wieder am ursprünglichen Fangort auszusetzen. Auf gar keinen Fall darf das Tier/die Tiere in andere Landesregionen oder sogar auf andere Inseln verschleppt werden, da dies unabsehbare Folgen (Faunenverfälschung!) nach sich ziehen würde.

Terrarientechnik

Terrarientypen und Behältergrößen

Der Phelsumenpfleger kann auf eine Vielzahl von Terrarientypen zurückgreifen. Ebenfalls können Terrarien aus den unterschiedlichsten Materialien hergestellt werden. Eines ist jedoch bei der Wahl von Phelsumenterrarien unbedingt zu beachten: Die Behälter sind immer höher als breit anzufertigen, da es sich bei Phelsumen ja um kletternde Geckos handelt. Die einzige Ausnahme bildet die Art *P. barbouri*. Für diese Phelsumen können auch Behälter verwendet werden, die breiter als hoch sind. Mindestmaße für die Behälter werden in dem Gutachten über „Mindestanforderungen an die Haltung von Reptilien" vorgeschlagen. Dieses Gutachten wurde im Auftrag des Bundesministeriums für Ernährung, Landwirtschaft und Forsten, Referat Tierschutz, am 10. Januar 1997 erstellt. Mindestgrößen für Terrarien werden darin in Bezug auf die Kopf-Rumpf-Länge (nicht Gesamtlänge!) errechnet. So wird für

Einrichtungsbeispiel für ein Terrarium für *Phelsuma barbouri*

die Gattung *Phelsuma* die Berechnungsformel für ein Paar mit 6 × 6 × 8 in Bezug auf Breite × Tiefe × Höhe des Terrariums angegeben. Das klingt zwar etwas kompliziert, ist es aber nicht. So würde sich für ein Pärchen *P. grandis* folgendes Maß ergeben: Die Kopf-Rumpf-Länge (KRL) dieser Art beträgt etwa 15 cm. Die 15 cm werden nun multipliziert mit den Werten aus der Formel. 6 × 15 = 90, 6 × 15 = 90 und 8 × 15 = 120. Daraus ergibt sich folgende Behältergröße 90 × 90 × 120 cm (Breite × Tiefe × Höhe). Bei einer *P. laticauda* mit etwa 6,5 cm KRL würde sich ein Mindestmaß von 39 × 39 × 52 cm ergeben usw. Wie der Name des Gutachtens schon sagt, handelt es sich hier um Mindestangaben. Nach oben sind dem Pfleger keine Grenzen gesetzt.

Als Material für Phelsumenterrarien hat sich am besten Glas bewährt. Aber auch Holz, Spanplatten, Kunststoff, Acryl oder sogar Styroporplatten sind schon für den Terrarienbau verwendet worden. Wichtig ist nur, dass saugfähige Materialien versiegelt werden, damit sie nicht durch die in den Behältern herrschende Luftfeuchtigkeit angegriffen werden. Die Terrarien sollten immer von vorn und nicht von oben geöffnet werden. Dafür haben sich Schiebescheiben sowie auch Glastüren mit Scharnieren bewährt. Zu beachten ist, dass die Spalten zwischen den Schiebescheiben oder um die Tür herum klein genug sind, damit unsere Pfleglinge nicht entweichen können. Es ist erstaunlich, durch welche schmalen Ritzen z. B. eine sich abflachende *P. klemmeri* passt.

Welches Terrarium für welche Art?

In der Terrarienliteratur wird häufig empfohlen, die Behälter entsprechend den Lebensräumen der gepflegten Tiere einzurichten. Diese Empfehlung möchte ich aber nicht oder nur bedingt geben. Meine Erfahrung hat gezeigt, dass Phelsumen aus den unterschiedlichsten Lebensräumen oftmals unter gleichen Bedingungen problemlos gepflegt und vermehrt werden können, sofern die notwendigen Voraussetzungen erfüllt sind. Sogar bei der Einrichtung sind die meisten Arten recht flexibel. Lediglich die Höchsttemperaturen, die Temperaturschwankungen zwischen Tag und Nacht und die Luftfeuchtigkeit sollten den natürlichen Vorkommensgebieten der jeweiligen Arten annähernd nachempfunden werden. Auf die grundlegenden Anforderungen der einzelnen Phelsumenarten wird im Artenteil eingegangen. Die Terrarieninneneinrichtung ist weitgehend eine individuelle Geschmacksache des Pflegers.

Belüftung

Wie bei den meisten Terrarientieren ist auch bei Phelsumen eine ausreichende Frischluftzufuhr in den Behältern oberstes Gebot. Viele Phelsumenarten (auch die Regenwaldbewohner!) reagieren äußerst empfindlich auf Staunässe und stickige, abgestandene Luft. Aus diesem Grund sind die meisten im Handel angebotenen Terrarien nicht besonders gut für die Phelsumenpflege geeignet, denn sie haben oftmals einen Lüftungsstreifen an der Front und nur einen schmalen Lüftungsstreifen im oberen Bereich. Optimal für die Phelsumenpflege ist jedoch, wenn der obere Bereich komplett aus Gaze besteht. Dadurch ist ein wesentlich besserer Luftaustausch möglich. Deshalb empfiehlt es sich, bei handelsüblichen Terrarien den Glasdeckel zu entfernen und durch Gaze zu ersetzten. Besser und oftmals auch preisgünstiger ist es, die Behälter selbst anzufertigen. Zusätzlich zum Gazedeckel sollten noch im vorderen Bereich oder an einer, falls möglich sogar an beiden Seitenscheiben zusätzliche Belüftungsflächen angebracht werden. Als Freilandterrarien haben sich Behälter, die bis auf die Frontseite komplett aus Gaze bestehen, bestens bewährt.

Bei der verwendeten Gaze ist darauf zu achten, dass diese so engmaschig ist, dass auch kleinere Futterinsekten wie z. B. *Drosophila* (Fruchtfliegen) nicht entweichen können. Am besten haben sich Edelstahl- oder Aluminiumgaze bewährt, bedingt empfehlen kann man auch vernickelte Stahlgaze. Diese kann aber schon nach kurzer Zeit korrodieren. Nicht geeignet sind mit Farbe beschichtete Gaze sowie Kunststoffgaze. Letztere wird durch UV-Einstrahlung schnell brüchig und mitunter auch von Futterinsekten schnell durchgefressen.

In Terrarienanlagen, die im Regalsystem aufgebaut und mit relativ niedrigen Zwischenräumen für die Beleuchtung zwischen den einzelnen Reihen versehen sind, hat sich der Einsatz kleiner Ventilatoren, wie sie z. B. in Computern Verwendung finden, als sehr hilfreich für eine bessere Belüftung erwiesen.

Beleuchtung

Da Phelsumen tagaktiv sind und aus Gebieten mit sehr intensiver Sonneneinstrahlung kommen, ist natürlich auf eine ausreichende Beleuchtung zu achten. Für diesen Zweck am weitesten verbreitet sind nach wie vor Leuchtstofflampen in verschiedenen Größen und Wattstärken, die den jeweiligen Terrarienverhältnissen angepasst sind. Bevorzugt sollten sehr helle Lampentypen verwendet werden. Bei vielen Pflegern hat sich die Lichtfarbe 860 bzw. 865 als vorteilhaft erwiesen. Auch haben sich in den letzten Jahren die sogenannten T5-Lampen gegen die älteren T8-Lampen durchgesetzt. Diese Lampen haben deutlich dünnere Leuchtstoffröhren, welche durch den Betrieb mit einem elektronischen Vorschaltgerät eine bessere Lichtabgabe und auch eine längere Lebenszeit aufweisen. Mit nachfolgend aufgeführten Leuchtstoffröhrentypen haben Phelsumenpfleger – auch ich selbst – gute Erfahrungen gemacht: Osram Lumilux 860; Osram L10 Daylight; Philips TLD 840 New Generation oder Master; Philips Ecoton 54 (Pflanzenlicht). Natürlich gibt es noch weitere geeignete Lampentypen, hier sollte jeder selbst experimentieren. Außerdem ist es oft vorteilhaft, Leuchtstofflampen mit verschiedenen Lichtfarben zu kombinieren. Die Leuchtstoffröhren werden direkt auf den Gazedeckel des/der Terrarien gelegt, damit der Abstand zu den Tieren und somit der Lichtverlust so gering wie möglich ist. Wenn es die Bauart der Terrarien hergibt, kann man diese Lampen aber auch bedenkenlos direkt in die Becken einbringen, sodass sich die Phelsumen bei Bedarf sogar darauf aufhalten können. Wenn die Leuchtmittel direkt im Terrarium angebracht werden können, ist es sogar möglich, in kleineren Behältern sogenannte Energiesparlampen einzusetzen. Auch bei diesen Leuchtmitteln haben sich die Lichtfarben 840 und 860 als günstig erwiesen. Damit die Geckos ihre Farbenpracht auch unter Energiesparlampen entwickeln können, ist es allerdings unerlässlich, die Lampen so anzubringen, dass sich die Phelsumen direkt darauf aufhalten können. Da Leuchtstoff- oder Energiesparlampen nicht allzu heiß werden, ist es für die Phelsumen nicht gefährlich, wenn sie sich direkt an den Lampen aufhalten. Meist werden diese auch nur kurz nach dem Ein- oder Ausschalten der Beleuchtung zum Wärmen aufgesucht. Die Phelsumen merken sehr schnell, wenn es doch mal zu warm wird. Mir ist es noch nie passiert, und ich habe auch noch nie gehört, dass Verbrennungen bei den Tieren durch diese Lampen aufgetreten sind.

In letzter Zeit konnten sich neben den altbekannten HQL-Lampen immer mehr HQI-Lampen durchsetzen, die sich durch ein besseres Licht-Leistungs-Verhältnis auszeichnen. Diese Lampentypen sind besonders für größere Terrarien geeignet. Beispielgebend seien die Typen „Philips MHN-TD" und „Osram HQI-TS", „70W/NDL", „Neutral white de luxe" genannt. Für die meisten Phelsumenterrarien sind 70-W- und 125-W-HQI-Brenner ausreichend. Eine nochmals verbesserte Variante der bekannten HQI-Brenner ist der erst kürzlich auf den Markt gekommene HCI-TS-Strahler von Osram.

Ausschnitt der Abdeckung der Schauanlage des Verfassers. Zu erkennen sind ein HQI-Strahler (70 W) als Hauptlichtquelle, ein Halogenstrahler (20 W) als Wärmestrahler und für die Übergangsbeleuchtung morgens und abends, eine UV-Leuchtstoffröhre und der Austritt für den mit Ultraschallvernebler erzeugten kalten Nebel zur Luftbefeuchtung. Unter der UV-Leuchtstofflampe ist sehr feine Edelstahlgaze angebracht. Alle anderen Lampen sind direkt im Terrarium.

Dieser Brenner kann in herkömmliche HQI-Lampen eingesetzt werden und hat eine noch höhere Lichtausbeute sowie keine merkliche Veränderung der Lichtintensität und Lichtfarbe nach längerem Gebrauch. Dass HQL-Lampen aufgrund der enormen Wärmeentwicklung nicht direkt in die Terrarien eingebaut werden dürfen, muss wohl nicht extra erwähnt werden. Bei den HQI-Lampen ist vor dem Brenner immer eine Schutzscheibe angebracht. Diese wird ebenfalls recht heiß, und daher ist es ratsam, diese Lampen ebenfalls außerhalb der Terrarien anzubringen. Allerdings betreibe ich sie schon seit etlichen Jahren direkt in meinen Schauterrarien, die immer mit Phelsumen verschiedener Arten besetzt sind. In all den Jahren konnte ich noch nie beobachten, dass sich ein Taggecko daran verbrannt hätte. Sobald die Lampen eingeschaltet werden, sonnen sich die Geckos auf den mit einigem Abstand angebrachten Sonnenplätzen. Die Tiere scheinen genau zu spüren, wie weit sie an die Strahler herangehen können. Selbst bei gelegentlichen Streitigkeiten, bei denen in seltenen Fällen mal ein Gecko über die Schutzscheibe rannte, konnte keine Verletzung nachgewiesen werden.

Ein weiteres Novum sind die verschiedensten Lampentypen, die mit der neuen LED-Technik ausgestattet sind. Der große Vorteil dieser Lampen ist die ungemein geringe Energieaufnahme, das sehr helle Licht und die sehr geringe Wärmeabgabe. Allerdings kann dieser Umstand auch von Nachteil sein, wenn das Terrarium durch die Beleuchtung mit beheizt werden soll. Der Anschaffungspreis für diese Lampen ist leider bisher immer noch recht hoch, was aber durch eine sehr lange Lebensdauer dieser Leuchtmittel wieder ausgeglichen wird.

Bei allen Lampentypen ist zu beachten, dass zwischen dem Leuchtmittel und den Tieren keine Glasscheiben angebracht sein dürfen (siehe Belüftung), da diese wichtige Bestandteile des Lichtes herausfiltern können. Die tägliche Beleuchtungsdauer sollte zwischen mindestens elf und maximal 14 Stunden betragen.

UV-Licht

Ist UV-Licht für eine erfolgreiche Pflege von Taggeckos notwendig oder nicht? Das Für und Wider des Einsatzes von UV-Licht bei der Reptilienpflege wird immer wieder mit sehr unterschiedlichen, ja sogar widersprüchlichen Meinungen diskutiert. Zweifellos kann behauptet werden, dass die im Zoohandel angebotenen speziellen Lampen mit bestimmten Anteilen von UV-A und UV-B im Strahlungsspektrum den Tieren keinen Schaden zufügen. Die meisten der angebotenen UV-Lampen sind Leuchtstoffröhren. Seit einiger Zeit werden aber auch Energiesparlampen und sogenannte Mischlichtstrahler angeboten. Diese sind mit E-27-Gewinde versehen und können somit in herkömmliche Glühlampenfassungen eingeschraubt werden. All diese Lampentypen können problemlos als Dauerbeleuchtung eingesetzt werden. Als Ausnahme sei hier der 300-W-Ultra-Vitalux-Strahler von Osram genannt. Dieser Strahler sollte bei einem Mindestabstand von ca. 50 cm nur für einige Minuten (15 bis maximal 30 Min.) täglich zusätzlich eingeschaltet werden. Bei der Phelsumenpflege kann man aber nach meiner Meinung auf solche hochwirksamen Lampen weitestgehend verzichten. Lediglich zur Unterstützung der Behandlung rachitischer Erkrankungen sind sie zu empfehlen. Die sogenannten Reptilienlampen aus dem Zoofachhandel strahlen so wenig UV-Licht ab, dass den Tieren damit nicht geschadet wird. Allerdings sind diese Leuchtmittel recht teuer und sollten nach Angaben der Hersteller nach einer nicht allzu langen Einsatzzeit ausgewechselt werden, da sich die UV-Abgabe im Lauf der Betriebsstunden stark verringern soll. Ich konnte bei verschiedenen Versuchen mit solchen Lampen an den damit beleuchteten Phelsumen weder positive noch negative Veränderungen in Hinsicht auf Verhalten, Wachstum oder Farbentwicklung beobachten. Aus diesem Grund kann einer Verwendung solcher Leuchtmittel weder zu- noch abgeraten werden. Eine kostengünstigere und von mir seit vielen Jahren in einigen Terrarien genutzte Möglichkeit, den Taggeckos doch UV-Strahlen zukommen zu lassen, ist der Einsatz von Leuchtstofflampen, wie sie in Solarien eingesetzt werden. Dabei handelt es sich um Leuchtstofflampen, die UV-A-Strahlung abgeben. Die verwendeten Wattstärken richten sich nach der jeweiligen Terrariengröße. Diese Lampen werden allerdings nur zusätzlich zur normalen Beleuchtung eingesetzt. Sie geben etwas mehr UV-Strahlung ab und sind deshalb nur für ein bis drei Stunden täglich zuzuschalten. Unter diesen Umständen sind durch diese Beleuchtung noch nie gesundheitliche Probleme bei den Phelsumen aufgetreten. Der nur stundenweise Einsatz erhöht die Lebensdauer der Lampen deutlich. Ein weiterer Vorteil zusätzlich eingesetzter UV-Lampen ist die Möglichkeit zur Nachstellung der Jahreszeiten durch die dementsprechend angepasste Beleuchtungsdauer. So sind bei mir in den Sommermonaten die UV-Lampen täglich für drei Stunden am Vormittag und zwei Stunden am Nachmittag zugeschaltet, in den Wintermonaten dagegen verringere ich diese Dauer auf zwei bzw. eine Stunde. Letztendlich kann die Beleuchtung der Taggeckos mit UV-Licht abgebenden Lampen ohne Weiteres empfohlen werden, zwingend notwendig für eine erfolgreiche Pflege und Zucht von Phelsumen ist UV-Licht allerdings meiner Meinung nach nicht. Diese Behauptung wird bekräftigt durch die Tatsache, dass die bei mir heranwachsenden Jungtiere sowie auch einige Terrarien mit Zuchtgruppen in all den Jahren noch nie mit speziellen UV-Lampen beleuchtet wurden – ohne dass dadurch negative Anzeichen zu erkennen wären. Weiterhin gibt es viele erfolgreiche Phelsumenzüchter, die ebenfalls noch nie UV-Lampen eingesetzt haben. Voraussetzung ist dann aber eine kontinuierliche und regelmäßige Zuführung von Mineralstoffen und Vitaminen (siehe „Mineralstoffe und Vitamine"). Wenn die Möglichkeit besteht, die Tiere dem natürlichen, ungefilterten Sonnenlicht auszusetzen, ist dies die wohl kostengünstigste, natürlichste und auch wirkungsvollste Art, unseren Pfleglingen UV-Licht zukommen zu lassen.

Luftfeuchtigkeit

Die gewünschte Luftfeuchtigkeit in den Terrarien zu erreichen, ist meist nicht schwierig. Oft genügt es, den Bodengrund feucht zu halten und einige Grünpflanzen einzusetzen, um die Werte am Tage zwischen 40 und 70 % zu halten. Darüber hinaus steigen sollte die Luftfeuchtigkeit nur nachts. Dann dürfen durchaus 70–100 % gemessen werden. Dafür ist es am günstigsten, wenn die Terrarieneinrichtung in den späten Nachmittagsstunden überbraust wird. Unterstützt wird das Ansteigen der Luftfeuchtigkeit noch durch das Abschalten der Beleuchtung während der Nacht. Die Erfahrungen haben gezeigt, dass sich eigentlich alle Phelsumenarten unter diesen Bedingungen gut pflegen lassen. Es sollte auf keinen Fall der Fehler gemacht werden, dass man Regenwald bewohnende Arten extrem feucht hält. Bei den Regenwaldbewohnern ist es durchaus vorteilhaft, besonders in den warmen Monaten, den Behälter mehrmals täglich zu überbrausen. Allerdings sollte der Luftaustausch so gut funktionieren, dass die Einrichtung schon kurze Zeit danach wieder abgetrocknet ist. Staunässe ist unbedingt zu vermeiden. Auch in den sehr feuchten und regenreichen Lebensräumen ist es durch ständige Windbewegung eigentlich nie

stickig oder dauerhaft nass. Umgekehrt darf man Arten, die aus den heißen und trockeneren Gebieten im Süden Madagaskars kommen, nicht nur warm und trocken pflegen. In ihren Lebensräumen sinkt die relative Luftfeuchtigkeit am Tage zwar bis auf 20 % ab, steigt aber abends und besonders in der Nacht durch Nebel oder Taubildung trotzdem auf bis zu 100 % an. Aus diesem Grund sollten die Behälter dieser Arten nur ein Mal täglich am Abend überbraust werden. Die genauen Pflegeansprüche werden im Artenteil angegeben. Wem das tägliche Überbrausen der Terrarien zu aufwendig ist oder wer häufiger einige Tage nicht zu Hause sein kann, sollte über die Installation einer Beregnungsanlage nachdenken. Solche Anlagen werden mittlerweile schon von etlichen Herstellern angeboten. Mit Hochdruckpumpen wird Wasser durch Düsen als feiner Nebel versprüht, und dieser setzt sich auf der Einrichtung ab. Die einzelnen Sprühstöße sollten nur kurz sein, damit nicht zu viel Wasser im Boden versickert. Der Einsatz von Ultraschallverneblern ist ebenfalls zu empfehlen. Bei diesen Geräten wird Wasser über eine Membran zu feinsten Tröpfchen zerstäubt und als kalter Nebel in

Ausschnitt aus der Zuchtanlage des Verfassers

die Terrarien geleitet. Diese Methode hat sich als sehr vorteilhaft für das Mikroklima in den Terrarien erwiesen, das tägliche Überbrausen ersetzt sie allerdings nicht.

Temperaturen

Temperaturen über 43 °C sind für fast alle Echsen tödlich, dies gilt auch für Phelsumen. Aus diesem Grund ist unbedingt darauf zu achten, dass vor allem in Terrarien mit kleinen Lüftungsflächen keine Überhitzung durch zu wattstarke Beleuchtung oder zeitweise Sonneneinstrahlung auftreten kann. Die meisten Phelsumenarten fühlen sich bei 27–32 °C am Tage wohl. Allerdings sollte die Temperatur in den Behältern von oben nach unten etwas abnehmen, damit sich die Tiere die für sie geeignete Temperatur aussuchen können. Pro Terrarium sollten ein oder mehrere „Sonnenplätze" eingerichtet werden, welche die Geckos bei Bedarf aufsuchen können, um ihre Vorzugstemperatur zu erreichen. An diesen Plätzen kann die Temperatur durchaus bis auf 40 °C anstei-

gen. Sehr geeignet sind dafür kleine Halogenlampen, die in unregelmäßigen Zeitabständen mehrmals am Tage zugeschaltet werden. Falls erforderlich, kann in den Terrarien an einer Stelle durch ein Heizkabel oder einen Heizstein eine Stelle geschaffen werden, an der sich die Geckos bei Bedarf aufwärmen können. Nach meiner Erfahrung werden diese Wärmepunkte aber oft nicht angenommen. Von Keramikstrahlern oder Infrarotlampen ist unbedingt abzuraten. Da die Phelsumen Licht mit Wärme verbinden, ist die recht hohe und intensive Wirkungsweise dieser Lampen unnatürlich und kann sogar zu Verbrennungen bei den Tieren führen. Nachts sinkt die Temperatur durch Abschalten der Beleuchtung auf Zimmertemperatur ab. Wenn dabei Werte unter 20 °C erreicht werden, ist dies vollkommen unproblematisch, ja für viele Arten sogar günstig. Auf jeden Fall müssen die Terrarien für Phelsumen nachts nicht mit zusätzlichen Heizmöglichkeiten erwärmt werden. Nächtliche Temperaturen von 10 °C, bei 80–90 % relativer Luftfeuchte werden, zumindest kurzfristig, ohne Schaden überstanden.

Schauterrarien im Wohnraum des Verfassers

Einrichtung

Bodengrund

Da sich Phelsumen nur sehr selten und wenn, dann nur kurz auf dem Boden aufhalten, muss dem Bodengrund nicht allzu viel Bedeutung beigemessen werden. Ob man nun einen helleren oder dunklen Bodengrund verwenden möchte, ist vom ästhetischen Empfinden des Pflegers abhängig. Zu den hin und wieder angebotenen farbigen Materialien (zu finden in den sehr „natürlichen" Farben Rot, Grün, Gelb oder Blau) enthalte ich mich lieber meiner Stimme. Den Phelsumen sind die Zusammensetzung und die Farbe des Bodengrundes recht gleichgültig. Der Bodengrund dient als Lebensgrundlage für eingesetzte Pflanzen, der Feuchtigkeitsregulierung im Terrarium und auch, um abgegebenen Kot und Flüssigkeiten aufzunehmen. Gerade um Ausscheidungen schnell und einfach zu erkennen und zu entfernen, ist ein heller, sandiger Bodengrund am besten geeignet. Die Verunreinigungen sollten mit einem Löffel oder Ähnlichem schnellstmöglich aus dem Terrarium entfernt werden. Auch ein alter Staubsauger hat sich dafür schon bestens bewährt. Bei Sand ist aber darauf zu achten, dass darin nicht zu große und scharfkantige Steinchen enthalten sind. Es kann immer wieder beobachtet werden, dass manche Taggeckos auf Steinen herumkauen und diese sogar fressen. Dabei kann es mit grobem und scharfkantigem Kies zu inneren Verletzungen und auch zu Verstopfungen kommen. Weitere Materialien, die bei der Phelsumenpflege erfolgreich verwendet werden, sind z. B. Blumenerde, Torf, Rindenmulch, Seramis sowie Blähton. Wichtig ist, dass den verwendeten Materialien keine chemischen Zusatzstoffe beigefügt wurden. Den Bodengrund zu sterilisieren, bevor man ihn in das Terrarium einbringt, halte ich für übertrieben. Im Zoofachhandel wird seit einiger Zeit eine Vielzahl verschiedener und zum größten Teil auch geeigneter Bodensubstrate angeboten. Leider sind diese oftmals nicht ganz billig. Der sparsame Terrarianer findet in Bau- oder Gartenmärkten eine reichhaltige Auswahl an Substraten, die gleichwertig und deutlich billiger sind. Ein Beispiel ist der abgepackte und gewaschene Spielkastensand, der sich bei mir seit vielen Jahren bewährt hat. Da der Bodengrund auch bei gründlicher Sauberhaltung mit der Zeit durch Kot und Futterreste verunreinigt wird, sollte dieser mindestens einmal im Jahr komplett gewechselt werden, besser zwei- bis dreimal. Dadurch kann man die Vermehrung und Ausbreitung von Mikroorganismen und Pilzen weitestgehend unterdrücken.

Klettermöglichkeiten

Wesentlich mehr Beachtung ist den Klettermöglichkeiten im Terrarium zu schenken. Fast alle Phelsumen sind arboricol, also baumbewohnend. Dem muss man bei der Terrariengestaltung gerecht werden. Selbst Felsbewohner wie *P. barbouri* sind häufig auf Ästen oder Rindenstücken zu beobachten, wenn wir ihnen die Möglichkeit dazu geben. Deshalb ist es empfehlenswert, durch mehrere möglichst verzweigte Äste Klettergelegenheiten für unsere Pfleglinge zu schaffen. Dadurch wird auch die Aktionsfläche in dem doch beengten Lebensraum Terrarium um ein Vielfaches erhöht. Sehr oft finden Bambusstäbe Verwendung bei der Gestaltung von Phelsumenbecken. Aufgrund der glatten Oberfläche und auch der Hohlräume in den Stangen sind diese sehr geeignet. Die Hohlräume werden von den Phelsumen gern zum Verstecken und zur Eiablage aufgesucht. Ein weiterer Vorteil ist, dass die harten und glatten Bambusstangen gut gereinigt werden können. Allerdings passen sie durch ihre helle Färbung oftmals

Terrarium mit Teilen der beschriebenen Pflanze *Heracleum persicum* als Klettermöglichkeit (mit *Phelsuma breviceps*)

Riesenbärenklau genannt (*Heracleum persicum*). Die Stängel dieser recht groß werdenden Pflanze sind sehr leicht, verrotten nur langsam, werden von den Phelsumen gern als Klettermöglichkeit angenommen und passen meist sehr gut zur Terrariendekoration. Die Stängel sind hohl und haben innen eine samtartige weiße Oberfläche, von der angeklebte Gelege gut abgelöst werden können (siehe Abschnitt „Eiablage"). Die Pflanze ist meist an den Ufern von Flüssen und Bachläufen zu finden. Da es sich um eine eingeschleppte Art handelt, welche die natürliche Ufervegetation verdrängt, wird sie meist intensiv bekämpft. Wenn diese Pflanze verwendet werden soll, ist aber unbedingt zu beachten, dass die gesamte Pflanze, besonders aber der Pflanzensaft von frischen Pflanzenteilen in Verbindung mit Sonnenlicht sehr ätzend ist und Verletzungen wie bei Verbrennungen zweiten Grades verursachen kann! Besonders darf man keine Pflanzenteile in die Hände von Kindern gelangen lassen! Die Stängel werden am besten im Herbst geschnitten (Schutzhandschuhe benutzen!) und getrocknet. Die getrockneten Pflanzenteile sind gefahrlos und können sehr leicht zurechtgeschnitten werden.

Um ein möglichst natürliches Aussehen in den Terrarien zu erreichen, sind die Äste einheimischer Gehölze oftmals besser geeignet. Die meisten Phelsumenarten bevorzugen glatte Laufflächen, was bei der Auswahl der Holzsorten beachtet werden muss. Es gibt aber auch Formen, die sich an Stämmen mit rauer Rindenstruktur wohlfühlen. Zu diesen zählen u. a. *P. borbonica*, *P. breviceps*, *P. guttata*, *P. pronki* und *P. abbotti chekei*. Da durch das tägliche Überbrausen immer eine gewisse Luftfeuchtigkeit in den Behältnissen besteht, sollte darauf geachtet werden, dass die verwendeten Holzsorten nicht allzu anfällig für Feuchtigkeit sind. Sehr weiche Holzsorten können recht schnell verrotten, und man ist dann gezwungen, diese durch neue zu ersetzen. Ebenfalls können Lianen oder nicht so richtig zum natürlichen Aussehen eines Schauterrariums. In sogenannten Zuchtbecken, in denen es nur zweitrangig um ein dekoratives Aussehen der Terrarien geht, ist dies dagegen kein Problem.

Eine Alternative zu den Bambusstangen sind die Stängel der Herkulesstaude, auch

Korkeichenstücke Verwendung finden, die besonders resistent gegen Feuchtigkeit sind. Auch hier sind der Kreativität des Pflegers keine Grenzen gesetzt, solange die Beschaffenheit der verwendeten Äste den Bedürfnissen der Phelsumen gerecht wird. Bevor man sich entschließt, die ebenfalls immer häufiger im Zoofachhandel angebotenen Klettermöglichkeiten zu kaufen, sollte man sich in der näheren Umgebung umschauen. Oft reicht ein kleiner Waldspaziergang aus, um die geeigneten Einrichtungsgegenstände zu finden. Das spart viel Geld, und gesund ist es außerdem!

Rückwand- und Seitenwandgestaltung

Um einen möglichst natürlich wirkenden Lebensraum in den Terrarien nachzubilden, ist die Gestaltung der Rückwand und möglichst auch der Seitenwände unerlässlich. Die manchmal im Handel angebotenen Bilder von Pflanzen oder Landschaften, die hinter die Glasscheiben geklebt werden, sind eher nicht geeignet. Solche Bilder wirken unnatürlich, und auch die Proportionen stimmen nicht mit denen unserer Pfleglinge überein. Mit welchen Materialien die Gestaltung vorgenommen wird, ist von den Ansprüchen der Pfleglinge und vom Geschmack des Pflegers abhängig. Zu beachten ist aber, dass keine schädlichen Substanzen oder Dämpfe abgesondert werden. Ein weiterer Punkt, der berücksichtigt werden sollte, ist, dass keine Ritzen oder Spalten in der Oberfläche bestehen, in denen sich die Phelsumen oder auch Futtertiere verstecken könnten. Aus dem gleichen Grund ist unbedingt zu vermeiden, dass die Tiere durch Öffnungen in eventuelle Hohlräume zwischen der Rückwand und der Glasscheibe gelangen können. Wenn einmal Tiere aus dem Terrarium herausgefangen werden müssen, wird man es sehr zu schätzen wissen, wenn sie sich nicht in solche Ecken zurückziehen können. Die ebenfalls im Handel angebotenen Fertigelemente lassen sich schnell und einfach zurechtschneiden und sind in kurzer Zeit angebracht. Diese künstlichen Rückwände sehen oftmals natürlich aus und werden gern von den Geckos angenommen. Leider haben sie aber auch ihren recht stolzen Preis.

Wenn man über etwas handwerkliches Geschick verfügt, können die Rück- und Seitenwände wesentlich günstiger selbst angefertigt werden. Als Material hat sich u. a. auch hier Kork bewährt. Allerdings macht es schon einige Mühe, solche Wände wirklich dicht zu bekommen, damit keine Tiere sich darin verstecken können. Um gut strukturierte und trotzdem leichte Rückwände zu erhalten, wende ich folgende Methode an: Die unterschiedlichen Strukturen und Vorsprünge werden zunächst im Groben aus Styroporstücken geschnitten. Diese werden nun mit einer Heißluftpistole in ihre endgültige Form gebracht. Bei diesem Vorgang wird die Oberfläche des Styropors durch anschmelzendes Material verhärtet. Dabei ist unbedingt auf eine gute Belüftung zu achten, da ungesunde Dämpfe entstehen können. Nun werden die einzelnen Stücke mit Fliesenkleber an der Glasscheibe befestigt. Nach 2–3 Tagen ist der Kleber ausgehärtet, und es kann mit der Farbgebung begonnen werden. Dazu mische ich Fliesenkleber mit Abtönfarbe für Wandfarben, um den gewünschten Farbton zu erhalten. Dieser dickflüssige Brei wird nun mit einem Pinsel dick und möglichst ungleichmäßig auf die Styroporstücke sowie auf das Glas der nicht beklebten Zwischenräume gepinselt. Auf die noch nasse Farb-Kleber-Mischung können nun Sand, Erde, Korkmehl oder andere geeignete Materialien gestreut werden. Dadurch wird eine natürlich aussehende Oberfläche erreicht. Das Ganze muss nun einige Tage trocknen, und das Terrarium kann dann fertig eingerichtet werden. Anstelle des von mir verwendeten Fliesenklebers haben sich bei anderen Terrarianern auch Epoxydharz, Gips oder Zement sehr gut bewährt. Natürlich gibt es noch etliche weitere Möglichkeiten, seine Terrarien ansprechend zu gestalten. Der Fantasie und dem persönlichen Geschmack des Pflegers sind hier kaum Grenzen gesetzt. Einen guten Überblick mit praktischen Anleitungen bietet das Buch „Terrarieneinrichtung" von WILMS (2004).

Bepflanzung

Da Phelsumen so gut wie keinen Schaden an der Bepflanzung anrichten, kann der Pfleger das Terrarium weitestgehend nach seinen Vorstellungen bepflanzen. Allerdings sollte bedacht werden, dass ein dicht bepflanztes Terrarium den Geckos jede Möglichkeit bietet, sowohl sich als auch die Gelege gut zu verstecken. Aus diesem Grund ist es ratsam, die Zuchtterrarien möglichst übersichtlich zu bepflanzen. Der „Klassiker" unter den Pflanzen für Phelsumenterrarien sind die verschiedensten Arten der Gattung *Sansevieria*. Diese Pflanzen gibt es in verschiedenen Wuchsformen und Größen, sie sind sehr robust und bieten den Taggeckos

Dekorativ gestaltetes Terrarium mit *Phelsuma pronki*

die von ihnen bevorzugte glatte Oberfläche zum Herumklettern. Oftmals werden die Gelege zwischen den Blattachseln dieser Pflanzen abgesetzt oder an die Blätter geklebt. Sansevierien sind anspruchslos und auch gut zu reinigen. Ein angenehmer Nebeneffekt ist, dass blühende Sansevierien süßlich riechende Säfte absondern, die von den Phelsumen sehr gern abgeleckt werden. Zusätzlich kann man noch eine Bromelie an einen Ast binden. Auch diese Pflanzen werden mitunter gern zur Eiablage aufgesucht. Das in den Trichtern stehende Wasser wirkt sich dazu günstig auf das Mikroklima aus, und attraktiv sind Bromelien allemal. Wenn die Phelsumen aber in größeren und besonders schön bepflanzten Schauterrarien gepflegt werden sollen, steht der Kreativität des Pflegers eigentlich nichts entgegen. Da Phelsumen sehr gern süße Pflanzensäfte oder Obst zu sich nehmen, sollte darauf geachtet werden, dass die verwendeten Pflanzen keine giftigen Stoffe enthalten oder absondern. Auch wenn unsere Taggeckos nicht aktiv Pflanzen anfressen, kann es doch einmal vorkommen, dass ein Blatt oder ein Stängel beschädigt wird. Die an solchen Stellen austretenden Substanzen könnten durchaus von den Phelsumen aufgeleckt oder zumindest gekostet werden und ihnen dann Schaden zufügen. Geeignet sind eigentlich alle Pflanzen, die stabile, möglichst glatte Blätter haben. Aber natürlich können zusätzlich auch Tillandsien oder andere „filigrane" Pflanzen, die nicht unbedingt zum darauf Herumklettern geeignet sind, in die Terrarien gepflanzt werden. Solche feingliedrigen Pflanzen sind sehr dekorativ und können die Terrarien optisch aufwerten. Dass es sich dabei oftmals um Pflanzen handelt, die nicht im natürlichen Lebensraum der Phelsumen vorkommen, muss den Pfleger nicht stören. Unseren Pfleglingen ist es gleich, ob sie nun auf einer madagassischen oder einer amerikanischen Pflanze sitzen. Sogar Kunstpflanzen werden problemlos angenommen, sind aber nun doch nicht das Wahre für ein ansprechendes Schauterrarium.

Pflege

Eingewöhnung

Die neu erhaltenen Tiere werden nach der Quarantänezeit in das für sie vorgesehene Terrarium gesetzt. Dieses ist natürlich schon fertig eingerichtet, und auch alle technischen Geräte sind betriebsbereit. Temperaturen und Luftfeuchtigkeit wurden im Vorfeld bereits über einige Tage mittels Thermo- und Hygrometer gemessen und liegen im grünen Bereich. Ein zu häufiges Hin- und Herräumen der Tiere ist unbedingt zu vermeiden, da jeder Ortswechsel auch Stress für sie bedeutet. Die Geckos werden nach dem Neu-Einzug ganz normal mit Futter und Wasser versorgt. Ebenfalls werden die anfallenden Reinigungsarbeiten und das tägliche Sprühen in der gewohnten Art und Weise erledigt. Übermäßiges Hantieren im Behälter ist zu vermeiden, ebenso ein ständiges Herumsuchen, wenn sich die Tiere mal versteckt haben. Wenn die Tiere das ihnen angebotene Futter gut annehmen, kann damit begonnen werden, die Phelsumen an den Pfleger zu gewöhnen. Dies kann je nach Art und Charakter des einzelnen Tieres sehr schnell gehen oder aber auch weitestgehend unmöglich sein. Es gibt Phelsumen, die auch als Wildfänge schon nach kurzer Zeit sehr zutraulich werden, während andere Exemplare sogar als Nachzuchten immer scheu und schreckhaft bleiben. Der beste Weg, die Tiere an den Pfleger zu gewöhnen, ist die Fütterung mit der Pinzette. Die meisten Phelsumen lernen sehr schnell, die Pinzette in Verbindung mit Futter zu bringen. Das kann so weit gehen, dass die Geckos sogar der Pinzette ohne Futter folgen. Dazu gehören natürlich etwas Geduld und oft auch sehr viel Zeit. Selbst so hektische Arten wie *P. inexpectata* oder *P. cepediana* können an die Pinzettenfütterung gewöhnt werden. Ist für die Geckos erst einmal der Umgang mit dem Menschen vertraut, können sie auch entsprechend besser beobachtet werden,

sie zeigen öfter ihr natürliches Verhaltensmuster und sind nicht mehr so schreckhaft wie Tiere, die nur ab und zu den Pfleger zu Gesicht bekommen. Deshalb ist es auch meine Überzeugung, dass Tiere, die in einem ruhigen und wenig frequentierten Raum untergebracht sind, nicht immer die besten Bedingungen haben. Solche Tiere sind immer wieder aufs Neue beunruhigt und gestresst, wenn der Pfleger die notwendigen Pflegemaßnahmen durchführt. Auch ist bei gut eingewöhnten Phelsumen viel besser zu erkennen, wenn ein Tier sich nicht normal verhält, sei es krankheitsbedingt oder durch innerartliche Auseinandersetzungen mit dem Geschlechtspartner. Selbst eine Trächtigkeit und anschließende Eiablage bleiben dem geübten und aufmerksamen Beobachter nicht verborgen. In den meisten Fällen haben sich Phelsumen schnell an die neuen Lebensbedingungen und die Umgebung gewöhnt.

Ernährung mit tierischem Futter

Die Hauptnahrungsgrundlage für Phelsumen bilden verschiedenste Insekten. Gerade dieser Punkt sollte schon vor der Anschaffung genau bedacht werden und auch mit dem Partner, der Familie oder den Mitbewohnern abgesprochen sein. Oftmals ist gerade die Ernährung mit den ja so „ekeligen" Insekten eine Schlüsselfrage dafür, ob denn nun Phelsumen angeschafft werden sollen (dürfen?) oder nicht. In der Natur finden die Geckos eine Vielzahl an Käfern, Grillen, Fliegen, Faltern usw. Auffällig ist, dass gerade besonders kleine Beutetiere wie Fruchtfliegen oder Termiten von den Phelsumen bevorzugt werden. Dies liegt zum einen daran, dass kleines Futter besser aufzunehmen ist, aber auch daran, dass die „dicken Brocken" wie Grillen oder

Schmetterlinge bei Weitem nicht so häufig zu erbeuten sind. Im Terrarium verhält es sich aber meist genau anders herum. Hier werden meist Grillen und Heimchen angeboten, und diese sind oft groß und gut genährt. Bei allzu häufigem Füttern besteht nun sehr schnell die Gefahr, dass dies bei den Geckos zur Verfettung führt. Aus diesem Grund sollten die Futtertiere nicht unkontrolliert in das Terrarium gegeben und auch nicht täglich angeboten werden. Bei adulten Tieren hat es sich als ausreichend erwiesen, wenn zwei- bis dreimal die Woche pro Tier 1–2 der Größe angepasste Futtertiere angeboten werden. Juvenile Geckos dagegen sollten in den ersten Monaten „im Futter stehen". Das heißt, es kann täglich so viel gefüttert werden, wie innerhalb einiger Stunden aufgefressen wird. Wenn am folgenden Tag noch Futtertiere in den Aufzuchtbecken sind, muss die Ration verkleinert werden. Damit aber das Wachstum nicht zu schnell abläuft, sollte bei etwa 3–4 Monate alten Tieren begonnen werden, das Fütterungsintervall demjenigen der ausgewachsenen Phelsumen anzupassen. Als Futtertiere kommen vorwiegend verschiedene Grillen, Heimchen, verschiedene Heuschrecken, kleinere Schaben, Spinnen sowie Fliegen in Betracht. Wenn die Möglichkeit besteht, insektizidfreies Wiesenplankton (verschiedenste Insekten, die durch Keschern auf Grünflächen gefangen werden) zu be-

kommen, ist dies ein ausgezeichnetes Futter in den Sommermonaten. Allerdings ist dies wohl mancherorts nicht zulässig oder zumindest eingeschränkt, weil dabei geschützte bzw. gefährdete Insekten gefangen oder zumindest beeinträchtigt werden könnten. Um eventuellen Bußgeldern aus dem Weg zu gehen, sollten die geltenden Natur- und Artenschutzvorschriften beachtet werden. Auf die einzelnen Methoden der Futtertierzuchten möchte ich nicht eingehen, da es den Rahmen dieses Buches sprengen würde. Viele nützliche Hinweise findet man aber in den Büchern von BRUSE et al. (2003) und von FRIEDERICH & VOLLAND (1998). Wer nicht selbst mit Futtertierzuchten beginnen möchte oder darf, kann den Bedarf seiner Pfleglinge aber auch über das in letzter Zeit immer reichhaltigere Angebot im Zoofachhandel decken. Außerdem besteht die Möglichkeit, sich direkt von Futtertierzüchtern die benötigte Menge zuschicken zu lassen. Hier ist aber sehr zu empfehlen, die gekauften Futtertiere mindestens 3–4 Tage anzufüttern. Während dieser Zeit ist ihnen reichhaltige Nahrung aus überwiegend frischem Grünfutter, wie Löwenzahn, Feldsalat, Spinat usw., anzubieten, damit die Insekten dann die aufgenommenen Inhaltsstoffe an die Phelsumen weitergeben. Weiterhin eignet sich als Trockennahrung für Futtertiere ein Gemisch aus Haferflocken, Fischfutter in Flockenform, Trockenkindernahrung, Hundetrockenfutter und Kleie. Anderes Feuchtfutter, das täglich frisch angeboten werden sollte, kann aus Möhre, Gras, Chicorée, Salat, Äpfeln, Bananen usw. bestehen. Futterreste sind am folgenden Tag immer zu entfernen, um Schimmelbildung vorzubeugen. Eine kleine, mit Wasser gefüllte und mit Schaumstoff verschlossene Vogeltränke ist sehr zu empfehlen. Sie schützt die Grillen und Heimchen vor dem Austrocknen. Auch hier ist darauf zu achten, dass der Futtertierbehälter nicht zu feucht wird,

Phelsuma klemmeri am im Text beschriebenen Futterglas

da sonst sehr schnell eine Milbenplage ausbrechen kann. Bei der Verfütterung schneller und springender Insekten tritt manchmal ein Problem auf: Durch die abrupten Bewegungen werden die Phelsumen erschreckt, oder sie haben Probleme, die Futtertiere zu erjagen. Dies kann man besonders bei Schlüpflingen oder etwas geschwächten adulten Tieren beobachten. Bei hartnäckiger Verweigerung von Grillen, Heimchen oder Schaben hat es sich bewährt, die Insekten hinter dem Kopf zu zerdrücken und in einer Schale ins Terrarium zu stellen. Meist kommen die neugierigen Geckos schon bald zu der Schale und prüfen durch Lecken, was sich darin bewegt (die Insekten bewegen sich meist auch nach Abtrennen des Kopfes noch einige Stunden). Sind die Phelsumen erst einmal auf den Geschmack gekommen, oder ihre körperliche Verfassung hat sich wieder stabilisiert, fressen sie oft problemlos auch lebend angebotene Insekten. Da ich das unkontrollierte Verfüttern von Grillen und Heimchen und im Besonderen von Schaben ablehne, habe ich die sogenannte Gläschenmethode eingeführt. Dazu werden die mit Mineralstoff-Puder (siehe unten) bestäubten Insekten in Gläser (z. B. Babybrei- oder kleine Honig- und Marmeladengläser) gesetzt. Daraus können sie nur mit Mühe entweichen. Die Geckos jedoch lernen sehr schnell, wie sie an die Futtertiere gelangen können. Diese Methode hat die Vorteile, dass die meist nachtaktiven Futtertiere sich nicht sofort verstecken können (die Phelsumen sind ja tagaktiv), die Mineralstoffe und Vitamine viel besser an den Insekten haften bleiben und der Pfleger genau nachvollziehen kann, ob und wie viel seine Pfleglinge fressen. Außerdem kann man so verhindern, dass die Futtertiere nachts Schaden an der Bepflanzung anrichten oder sogar schlafende Geckos anfressen. Wenn die Zeit und die Menge der gepflegten Tiere es zulassen, ist die Fütterung mit der Pinzette sehr zu empfehlen. Ein Risiko für die Gesundheit unserer Phelsumen ist auch, dass

Pinzettenfütterung bei *Phelsuma inexpectata*
Foto: M. Berghof

die Futterinsekten mitunter den infektiösen Kot im Terrarium fressen und damit wieder an die Geckos weitergeben. Dies wird bei beiden Fütterungsmethoden unterbunden. Die Tiere gewöhnen sich gut an den Pfleger, man kann gezielt und in der richtigen Menge füttern, und die Zusätze bleiben an den Futtertieren haften. Außerdem kann man den an die Pinzettenfütterung gewöhnten Phelsumen auch einmal etwas ungewöhnliche Futtertiere anbieten. Sehr gut geeignet sind Fliegen. Diese haben keinen großen Nährwert und können dadurch recht häufig angeboten werden, regen die Geckos durch ihre Bewegungen zur Jagd an, schmecken den Phelsumen offensichtlich gut und sind obendrein noch billig. Für die Jungtiere können Große und Kleine Obstfliege (auch flugunfähig) genommen werden, für die adulten Tiere bieten sich „Pinkies" oder große und kleine Stuben-

Phelsuma barbouri im Andringitra-Gebirge beim Verspeisen
einer Motte

Foto: A. Böhle

fliegen an. Die Obstfliegen können selbst gezüchtet werden. Die „Pinkies" und Stubenfliegenmaden werden in der benötigten Menge in Behälter mit Gazedeckel gefüllt und bei Zimmertemperatur aufbewahrt. Nach einigen Tagen verpuppen sich die Maden, und nach weiteren Tagen schlüpfen die Fliegen aus. Diese können nun mit etwas Fruchtbrei oder einem Vitaminpräparat durch den Gazedeckel angefüttert werden. Nachdem sie das Futter aufgenommen haben, werden sie dann mit etwas Geschick in die Terrarien zu den Geckos gegeben. Weitere bewährte Futtertiere sind die Larven von Mehlkäfern („Mehlwürmer"), Schwarzkäfern (Zophobas) und Rosenkäfern sowie Große und Kleine Wachsmotten und deren Larven („Wachsmaden"). Diese Futtertiere sind aber nur hin und wieder als Zusatzfutter anzubieten, um etwas Abwechslung in den Speiseplan zu bekommen. Bei zu häufigem Füttern mit solchen gehaltvollen Insekten ist eine Verfettung der Geckos so gut wie vorprogrammiert. Ein weiteres sehr gutes Futter sind kleine Gehäuseschnecken. Hier bedarf es allerdings meistens etwas Geduld, bis die Phelsumen diese als Nahrung akzeptieren. Es ist auch durchaus nicht selten, dass Gehäuseschnecken hartnäckig verweigert werden. Es zu versuchen, lohnt sich aber allemal, da die Schneckenhäuser eine sehr gute Kalziumquelle darstellen. HARTIG (2003) berichtet, dass ein Weibchen von P. guttata, das in einem Paludarium lebt, den darin lebenden Schnecken sogar aktiv mit untergetauchtem (!) Vorderkörper nachstellt.

Eine ebenfalls gute Abwechslung bieten Drohnenmaden sowie auch voll entwickelte Drohnen (= männliche Bienen) (SÜNCKSEN 2003). Keine Bange, männliche Bienen haben keinen Stachel und können somit dem Pfleger nicht gefährlich werden. Für Phelsumen bilden Stechinsekten offenbar ohnehin keine große Gefahr, da wiederholt beobachtet werden konnte, dass Wespen ohne Zögern erbeutet wurden. Um an die Drohnen zu gelangen, sollte man Verbindung mit einem Imker aufnehmen. Am geeignetsten ist die Zeit von April bis August, da in diesem Zeitraum die Drohnen in den Bienenvölkern herangezogen werden. Größere Phelsumen fressen Drohnen sehr gern, an die kleineren Arten können die Maden verfüttert werden. Selbstverständlich können auch andere zur Verfügung stehende Insekten angeboten werden. Sie können immer etwas experimentieren, sollten aber beachten, dass es auch ungenießbare oder sogar giftige Insekten gibt.

Ernährung mit pflanzlichem Futter

Eine sehr wichtige Rolle bei der Ernährung von Phelsumen spielt auch die vegetarische Nahrung. Es kann behauptet werden, dass einige Arten bei unzureichender Zufütterung von Fruchtbrei oder anderer pflanzlicher Nahrung nicht auf Dauer gepflegt oder aufgezogen werden können. Im Artenteil wird darauf hingewiesen, um welche Phelsumen es sich dabei im Einzelnen handelt. In der Natur kann immer wieder beobachtet werden, wie Phelsumen an Blüten, austretenden Pflanzensäften, Fruchtständen oder auch an reifen und geplatzten Früchten lecken. Es wird sogar berichtet, dass Phelsumen in ihrem Lebensraum regelmäßig Zikaden aufsuchen, um von diesen abgesonderte Säfte abzulecken (melken) (FÖLLING et al. 2001). Auffällig ist, dass es sich dabei immer um süß schmeckende oder zumindest einen süßlichen Duft verbreitende Substanzen handelt. Dies ist sehr gut bei Phelsumen zu beobachten, die in Hotel- oder Bungalowanlagen leben. Diese Tiere verlieren fast vollkommen ihre Scheu, wenn sie mit Marmelade oder zerquetschten Fruchtstückchen angelockt werden. Aufgrund des sehr gut ausgebildeten Geschmacks- oder Geruchssinnes finden sich die Geckos meist schon nach kurzer Zeit an dem für sie bestimmten Platz ein. Im Terrarium lebende Tiere bemerken ebenfalls in kürzester Zeit, wenn ihnen „Süßigkeiten" angeboten werden, und lecken diese nicht selten sogar vom Finger des Pflegers ab. Wenn es sich um Früchte oder um reinen Fruchtbrei ohne Zusatzstoffe handelt, können diese ohne die Gefahr, dass die Geckos verfetten, mehrmals pro Woche angeboten werden. Sobald aber Zusatzstoffe wie Zucker oder Fette darin enthalten sind, sollte nur einmal die Woche damit gefüttert werden. Dies gilt ebenfalls für Fruchtbrei, dem Mineralstoffe und Vitamine zugesetzt wurden. Angeboten wird den Phelsumen diese Nahrung in möglichst kleinen Behältern.

Ein Grund dafür ist zum einen, dass die Geckos in großen Schüsseln durchaus mal durch das Futter laufen könnten und dann natürlich ihre empfindlichen Haftlamellen verkleben. Außerdem sollte nur so viel angeboten werden, wie in kurzer Zeit gefressen wird, da sonst der Brei sehr schnell verderben kann. Dass die Geckos nach dem oft exzessiven Genuss dieser Leckereien aussehen, als ob sie gleich platzen, darf uns nicht zu sehr stören oder beunruhigen, nach der nächsten Kotabgabe normalisiert sich ihr Aussehen schnell wieder. Als beliebt haben sich eigentlich alle süßen in- und ausländischen Früchte erwiesen, wie z. B. Birne, Erdbeere, Süßkirsche, Pfirsich,

Phelsuma borbonica (Bras Panon) bei der Aufnahme von Blütennektar
Foto: S. Caceres & J.N. Jasmin

Phelsuma dubia und Bienen an einem Fruchtstand einer Kokospalme

süßen Früchten oder Brei wieder zum Fressen gebracht werden. Ein weiterer großer Vorteil ist, dass die Phelsumen bei eventuellen Engpässen bei der Insektenversorgung durchaus über einen längeren Zeitraum nur mit pflanzlicher Nahrung versorgt werden können. Es muss dann nur auf eine Beimischung lebensnotwendiger Mineralstoffe geachtet werden. Eine ausschließliche Fütterung mit pflanzlicher Nahrung ist jedoch abzulehnen, da sie überhaupt nicht den natürlichen Verhältnissen entsprechen würde. Ebenfalls zur pflanzlichen Nahrung können Blütenpollen gezählt werden. Diese werden in Kaufmärkten, Drogerien, Reformhäusern oder direkt beim Imker angeboten. Dort gibt es auch den für Phelsumen sehr leckeren Honig. Hier muss allerdings darauf hingewiesen werden, dass dieser nur verdünnt und ab und zu angeboten werden sollte. Die Gründe sind zum einen der sehr hohe Nährstoffgehalt und zum anderen die Vermutung, dass Honig den Vitaminhaushalt negativ beeinflussen kann.

Joghurt und andere Milchprodukte

Als weiteres geeignetes Zusatzfutter haben sich verschiedene Milchprodukte erwiesen. Auch hier bietet der Markt eine vielseitige Produktpalette an. So werden verschiedene Fruchtjoghurts und Quarkspeisen von den Phelsumen sehr gern gefressen. Der Vorteil dieser Nahrung ist der hohe Kalziumanteil und der oftmals ausgewogene Vitamingehalt. Ein eindeutiger Nachteil aber ist der recht hohe Fettgehalt vieler Milchprodukte. Dadurch können unsere Pfleglinge bei allzu häufiger Gabe dieser Produkte sehr schnell zu unnatürlichen Würsten mutieren. Deshalb sind den Phelsumen solche Produkte nur sporadisch als abwechslungsreiches „Leckerli" anzubieten. Auch wenn Hoesch (pers. Mittlg.) schon bewiesen hat, dass es möglich ist, Phelsumen ausschließlich mit solchen Produk-

Aprikose, Banane, Mango, Papaya, Litschi, Melone und vieles mehr. Hier stehen dem Pfleger für Experimente alle Türen offen. Wenn keine Früchte zur Verfügung stehen, können aber auch sehr gut Babybreimischungen der verschiedenen Hersteller verwendet werden. Hier haben sich die Sorten Pfirsich, Pfirsich/Aprikose, Pfirsich/Maracuja, Williams-Christ-Birne und Aprikose/Birne als sehr beliebt erwiesen. Alle Breimischungen mit Apfel werden mitunter nicht so gern genommen.

Fruchtfutter steht gewöhnlich bei allen Phelsumenarten hoch im Kurs. Oft können Geckos bei hartnäckiger Futterverweigerung mit

ten zu ernähren, sie aufzuziehen und sogar die geschlechtsreifen Tiere zur Nachzucht zu bringen, ist davon jedoch aus schon zuvor genannten Gründen unbedingt abzuraten.

Kunstfuttermischungen

Eine weitere Alternative bilden die in immer mehr Sorten angebotenen Kunstfuttermischungen. Es handelt sich dabei um meist auf pflanzlicher Basis zusammengestellte Produkte, denen auch noch Mineralstoffe, Spurenelemente und Vitamine zugesetzt sind. Sie werden zum einen speziell für Reptilien entwickelt, oder es haben sich Futtermischungen für Vögel als brauchbar erwiesen. Bei allen Produkten handelt es sich um Konzentrate. Deshalb ist unbedingt auf die Mischungsvorschriften und Darreichungsmengen zu achten. Da Futter wird in Pulverform angeboten und kann den Geckos meist auch so gereicht werden. Die Phelsumen lecken die oft süßlich schmeckenden Präparate sehr gern auf. In manchen Fällen (Packungsbeilage beachten) muss das Pulver jedoch mit Wasser zu einem mehr oder weniger dünnen Brei angerührt werden. Da ein solcher Brei sehr schnell verdirbt, sollten übrig gebliebene Reste nach wenigen Stunden wieder aus dem Terrarium entfernt werden. Besonders bei den Produkten für Vögel ist immer ein für Reptilien ungünstiger Anteil an Vitamin A enthalten. Schon deshalb und auch wegen des hohen Nährwertes sind diese Futtermischungen ebenfalls nur als Zusatzfutter und auf keinen Fall als Alleinfutter zu betrachten. Die beste Möglichkeit, solche Futtermischungen anzubieten, ist die Beimischung in kleineren Mengen in handelsüblichen Fruchtbrei. Die folgenden Produkte habe ich mit guten Erfahrungen an meine Tiere verfüttert: Von der Firma Nekton können „Nekton-Lori", „Nektar plus" und „Nekton Tonic-R" empfohlen werden. Weiterhin werden „Phel-

sumax" (Repco Products, NL), „Day Gecko Food" (Zoo Med, USA) sowie „Day Gecko meal replacement powder" (Repashy, USA) gern genommen.

Mineralstoffe und Vitamine

Ähnlich wie bei den Kunstfutterprodukten verhält es sich bei Mineralstoffmischungen und Vitaminprodukten. Der Markt ist hier ebenfalls fast schon nicht mehr überschaubar. Die hier genannten Produkte repräsentieren ebenfalls nur die vom Verfasser mit Erfolg verwendeten Produkte, was aber auf keinen Fall die Qualität der nicht genannten anderen Produkte schmälern soll. Ich halte es für vorteilhaft, nicht immer nur das gleiche Produkt zu verwenden, da in jedem die Menge der einzelnen Komponenten und die Zusatzstoffe etwas unterschiedlich sind. Auch gewöhnen sich die Phelsumen so nicht zu sehr an den Geschmack von einem bestimmten Produkt. Besonders ist bei der Verwendung aller Mineralstoff- und Vitaminpräparate darauf zu achten, dass das Verfallsdatum nicht überschritten ist. Da bei Verfall der Vitamine auch die Wirkung des Produkts hinfällig wird, ist es sogar besser, schon etwa einen Monat vor Ablauf eine neue Packung zu verwenden. Leider sind die Packungen der einzelnen Hersteller oft sehr überdimensioniert, sodass der normale Phelsumenpfleger mit seinen wenigen Tieren die Präparate meist bis zu deren Verfall noch nicht verbraucht hat. Hier ist es aber in Hinblick auf die Gesundheit der Tiere besser, den Rest wegzuwerfen und eine neue Packung zu verwenden. Am günstigsten ist es, wenn sich mehrere Terrarianer zusammentun und die Packung unter sich aufteilen. Die von mir verwendeten Präparate sind das neue „Korvimin ZVT + Reptil", „Reptocal" und „Reptolife" von der Firma Tetra, „MSA" und „Nekton-Rep" (sowie „Nekton-Rep-Color", bei dem allerdings keine erkennbare Farbsteigerung bei den Phelsumen eingetreten ist) von der Firma

Verschiedene Mineralstoff-
und Vitamin-Produkte

Nekton, Multivitamin- und Kalzium-Pulver von der Firma Exo Terra, „Calcicare + 40" von Witte Molen, „Vita Totaal" von Repco Products sowie verschiedene Produkte von „Repashy Superfoods" und das „Miner-All" aus den USA. Es gibt aber auch hier noch eine Vielzahl gleichwertiger Produkte anderer Hersteller. Die Mineralstoffmischung wird meist auf die Futtertiere gepudert, bevor diese verfüttert werden. Ebenfalls kann sie mit unter den angebotenen Fruchtbrei gerührt werden. Pur und direkt biete ich diese Präparate den Phelsumen nicht an. Dafür verwende ich geriebenen Sepiaschulp oder zerstoßene Eierschalen. Weiterhin gebe ich den Geckos die Eierschalen von geschlüpften Jungtieren wieder zum Fressen in die Terrarien.

Die Mineralstoffe sollten bei Jungtieren immer auf die Futtertiere gestäubt und auch regelmäßig in den Brei gerührt werden. Das Gleiche gilt für trächtige Weibchen, die in der Reproduktionszeit einen erhöhten Bedarf haben. Etwas zurückhaltender sollte man bei Männchen und auch Weibchen, die keine Eier ausbilden, mit dem Zuführen von Mineralstoffen sein. Bei solchen Tieren kann es geschehen, dass sich in dem sogenannten endolymphatischen Apparat zu viel Kalk ablagert, weil ja die Kalkreserven nicht für die Ausbildung von Eiern benötigt werden. Dies ist dann an den übergroßen Kalksäckchen beiderseits hinter dem Kopf deutlich zu erkennen. Sie sehen nicht nur hässlich aus, sie können auch verhärten und werden damit für den Gecko unbrauchbar. Es kann sogar vorkommen, dass ein Tier mit riesigen Kalksäcken an Rachitis erkrankt, weil das Tier diesen Kalkvorrat nicht mehr nutzen kann. Dies kann allerdings auch geschehen, wenn das Verfallsdatum des Präparates überschritten ist und die für die Aufnahme benötigten Vitamine (D_3) ihre Wirkung verloren haben.

Wesentlich zurückhaltender bin ich bei der zusätzlichen Verabreichung reiner Vitaminprodukte. Davon verwende ich auch ausschließlich nur das Produkt „Reptosol" von Tetra. Ein zu häufiges Zufüttern mit Vitaminen kann zu einer sogenannten Vitaminüberversorgung führen und damit genau das Gegenteil bewirken, was eigentlich erreicht werden soll. Bei einer ausreichend guten Versorgung der Futterinsekten mit verschiedenen frischen Gemüse- und Obstsorten, Gräsern und Kräutern mit den darin enthaltenen Vitaminen sowie der Verwendung von den meist ebenfalls mit Vitaminen angereicherten Mineralstoffmischungen, ist es meiner Ansicht nach nicht notwendig, den Phelsumen noch zusätzlich Vitamine zu verabreichen. Einzig eine kleine Menge dickflüssigen, sehr angenehm riechenden und schmeckenden „Reptosol" tropfe ich in unregelmäßigen Abständen auf die Gazeabdeckung der zuvor beschriebenen Fliegendosen. Die geschlüpften Fliegen fressen sofort die Vitaminmischung auf und werden nun zu den Phelsumen gegeben. Somit werden die Geckos über die Fliegen mit den Vitaminen versorgt. Dies kann natürlich auch mit einem anderen Vitaminpräparat versucht werden. Auch das Verfüttern natürlichen „Wiesenplanktons" trägt zum gesunden Vitaminhaushalt unserer Pfleglinge bei. Aber wie schon erwähnt: beim Fangen von Wiesenplankton die geltenden Naturschutzvorschriften beachten!

Tränken und Luftfeuchtigkeit

Auch bei täglichem Überbrausen der Terrarieneinrichtung mit frischem Wasser sowie im Terrarium befindlichen Bromelien mit wassergefüllten Blattachseln sollte den Geckos eine kleine, mit Wasser gefüllte Tränke angeboten werden. Dass diese in regelmäßigen Abständen gesäubert und mit frischem Wasser gefüllt werden muss, sollte selbstverständlich sein. Geeignet sind dafür kleine Schälchen oder handelsübliche Vogeltränken. Auch die oft angebotenen, mehr oder weniger natürlich aussehenden Wasserschalen aus dem Terraristikfachhandel können gut in die Terrariengestaltung eingebunden werden.

Die Luftfeuchtigkeit ist da schon ein etwas komplexeres Thema. Im Allgemeinen ist es für die meisten Phelsumen ausreichend, wenn das Terrarium einmal täglich, bevorzugt in den späten Nachmittagsstunden, überbraust wird – in Anlehnung an die natürlichen Verhältnis-

Phelsuma abbotti sumptio
Foto: D. Hansen

se, da auch in den Lebensräumen der Phelsumen die Luftfeuchtigkeit in den Abendstunden und in der Nacht deutlich ansteigt. Dies ist auf die meist abends auftretenden Regenfälle, auf die nach dem Sonnenuntergang einsetzende Verdunstung von Bodenfeuchtigkeit oder den Dunst des in der Nähe befindlichen Ozeans zurückzuführen. In den warmen Sommermonaten empfiehlt es sich aber, die Becken auch in den Morgenstunden und – wenn es sehr heiß ist – sogar am Mittag zu überbrausen. Wichtig ist, dass trotz des Sprühens keine Staunässe in den Terrarien entsteht. Nichts ist schlimmer für das Wohlbefinden und die Gesundheit von Taggeckos als stickige, verbrauchte Luft. Deshalb ist unbedingt auf eine sehr gute Belüftung der Behälter zu achten. Ein Wasserbecken, ein kleiner künstlicher Bachlauf oder ein mit Wasser umspülter Stein können ebenfalls zur etwas angehobenen Luftfeuchtigkeit im Terrarium beitragen. Dies ist bei den Waldbewohnern unter den Phelsumen (z. B. *P. guttata, P. seippi, P. quadriocellata*) von Vorteil. Sehr empfehlenswert ist auch der Einsatz einer Nebelanlage. Wenn diese täglich mehrmals in unregelmäßigen Abständen, mit einer zunehmenden Tendenz zum Abend hin, für etwa 30–60 Minuten (Zeitschaltuhr) eingeschaltet wird und auch nachts ein- bis zweimal für etwa eine Stunde in Betrieb ist, kommt dies den natürlichen Verhältnissen recht nahe. Auf ein zusätzliches Sprühen kann man aber meist trotzdem nicht verzichten. Für diesen Fall ist der Einsatz einer Beregnungsanlage möglich. Wenn man sich zur Installation solch einer Anlage entschließt, kann das zusätzliche Überbrausen entfallen. Die Beregnungszeiten sind etwa der Beneblung anzupassen, nur sollten sie deutlich kürzer ausfallen.

Temperaturen

Die tropische Herkunft unserer Phelsumen lässt vermuten, dass sie sehr warm gehalten werden müssen. Dem ist im Prinzip auch zuzustimmen. Wenn aber die Terrarien auch nachts mittels Heizschlangen oder Keramikheizstrahlern erwärmt werden, kann es schon sehr bedenklich, ja sogar schädlich für die Geckos werden. Auch im warmen Madagaskar geht abends die Sonne unter, die Luftfeuchtigkeit steigt, und die Temperaturen sinken nachts zum Teil deutlich ab. Aus diesem Grund ist auf eine Beheizung und erst recht auf eine Beleuchtung der Terrarien in der Nacht unbedingt zu verzichten. So genannte Dunkel- oder Infrarotstrahler sowie auch Keramikstrahler halte ich für die Phelsumenpflege für ungeeignet. Da diese nur Wärme, aber kein Licht abgeben, entsprechen sie nicht den natürlichen Gegebenheiten. Phelsumen sind Sonnentiere und verbinden Licht mit Wärme. Deshalb sind zur Erwärmung der Terrarien sowie für die Sonnenplätze lichtintensive Lampen zu verwenden, die auch einen bestimmten Wärmeanteil abstrahlen. Die Temperaturen im mittleren bis oberen Bereich des Terrariums sollten sich am Tage zwischen 28 und 35 °C einpegeln. Punktuell können unter einem speziellen Wärmestrahler sogar 40 °C erreicht werden. Sehr empfehlenswert ist es, wenn in dem Behälter eine Temperaturabstufung von oben nach unten erreicht wird. Es genügt vollkommen, wenn in Bodennähe nur 20 °C erreicht werden. So können sich die Geckos immer ihre Vorzugstemperatur aussuchen. Nachts genügt es, dass durch Abschalten aller Lichtquellen in den Terrarien Zimmertemperatur vorherrscht. In den Sommermonaten wird diese meist über 20 °C bleiben; es bereitet den Phelsumen aber keine Probleme, wenn in den Übergangszeiten die Temperaturen nachts bis auf 15 °C absinken. Wesentlich gefährlicher sind zu hohe Temperaturen. Wenn an sehr heißen Tagen die Temperaturen in den Terrarien über 40 °C ansteigen, kann es sehr schnell zu Verlusten kommen. Da sich die Geckos in dem begrenzten Raum eines Terrariums nicht an kühlere Stellen zurückziehen können, ist die Gefahr eines Hitzschlages recht groß. Die für Phelsumen kritische Körpertemperatur liegt etwa bei 43 °C, bei Jungtieren noch darunter. Es ist zu empfehlen, an solchen Tagen die Beleuchtung zu reduzieren oder ganz auszuschalten.

Winterruhe

Von einer Winterruhe im herkömmlichen Sinne kann man bei Phelsumen natürlich nicht sprechen. Diese Tiere sind auf keinen Fall für einige Wochen in einen kältebedingten Winterschlaf zu bringen. Was sich allerdings als sehr vorteilhaft für die Gesundheit und auch Lebenserwartung unserer Pfleglinge erwiesen hat, ist eine etwa 2–3 Monate dauernde Pflege bei geringeren Temperaturen und gleichzeitig trockenerer Haltung. Für die Vermehrung – besonders der etwas heikleren Ostküsten- sowie der Hochlandarten – hat sich diese kühle Haltungsphase ebenfalls als sehr stimulierend erwiesen. Da Madagaskar südlich des Äquators liegt und dort die kühle Jahreszeit in den Monaten Mai bis September herrscht, ist es empfehlenswert, unsere Phelsumen umzugewöhnen und unseren Bedingungen anzupassen. Es bereitet meist keine Probleme, wenn sich Wildfänge innerhalb eines Jahres langsam an den europäischen Jahresrhythmus anpassen und dann in unserem Winter die „Winterruhe" einhalten. Bei Nachzuchten entfällt die Umgewöhnung, da sie ja schon unter diesen Bedingungen aufgewachsen sind. Um die „Winterruhe" zu simulieren, ist die Beleuchtung im Herbst um etwa 3–4 Stunden zu reduzieren. So ergeben sich im Sommer etwa 14 Stunden und im Winter etwa 11 Stunden Beleuchtungszeit.

Eine andere Möglichkeit ist die von mir angewandte Methode: Dazu wird das natürliche Tageslicht in den Jahresrhythmus einbezogen. Ich habe die Beleuchtung ganzjährig unverändert von 9.00– 20.30 Uhr eingeschaltet (außer an sehr heißen Sommertagen, an denen die Beleuchtung wegen der Hitzeentwicklung auch am Tage für einige Stunden abgeschaltet wird). Durch zwei Fenster kann Licht in den Raum einfallen. Dadurch ist das Zimmer den natürlichen Gegebenheiten zufolge im Sommer deutlich länger hell als im Winter. Und kostensparender ist diese Methode zudem auch noch. Durch die Reduzierung der Beleuchtung, und falls es möglich ist, die Raumtemperatur niedrig zu halten, ergibt sich dann im Winter eine niedrigere Tages- und Nachttemperatur in den Terrarien. Die Tagestemperaturen sollten sich um die 23–27 °C bewegen. Nachts kann die Temperatur ohne Bedenken auf 14 °C, gelegentlich sogar auf 10 °C absinken. Während dieser Zeit wird das Becken auch nur ein- bis zweimal pro Woche leicht überbraust. Unter diesen Bedingungen sind die Tiere deutlich inaktiver und sitzen meist zwischen den Blättern der Bepflanzung. Wenn dann im Frühjahr der Prozess wieder umgekehrt wird und die Temperaturen sowie die Tageslänge erneut ansteigen, werden die Phelsumen wieder aktiver und beginnen meist mit den ersten Paarungen. Während der Winterruhe wird auch die Nahrungsaufnahme reduziert, was den oftmals sehr üppig ernährten Pfleglingen durchaus gut tun wird.

Besatzdichte und Vergesellschaftung

Zu diesem Thema werde ich relativ häufig befragt, aber eine allgemeingültige Antwort darauf zu geben, ist recht schwierig. Die Besatzdichte sollte auf alle Fälle immer den gesetzlichen Vorgaben entsprechen. Die Mindestmaße für die Behälter wurden zuvor schon angesprochen. In den meisten Fällen hat sich für eine erfolgreiche Nachzucht die Pflege von 1,1 (das bedeutet ein Männchen [Zahl vor dem Komma] und ein Weibchen [Zahl nach dem Komma]) der jeweiligen Art als am günstigsten erwiesen. Auch wenn die Pflege mehrerer Weibchen mit einem Männchen funktionieren kann, kommt es oftmals unter den Weibchen zu innerartlichen Auseinandersetzungen. Allerdings wird von anderen Pflegern auch berichtet, dass der Paarungsdruck für das einzelne Weibchen bei der Pflege mit einem Männchen und mehreren Weibchen deutlich niedriger und es selten zu

Gemeinschaftshaltung von
Phelsuma berghofi und
Anolis roquet ssp.

Das Präsentieren des abge-
flachten Rückens kann Balzverhalten oder Drohgebärde
sein; hier bei zwei Männchen
von *P. malamakibo*

ernsthaften Verletzungen durch Beißereien gekommen sei. Deshalb ist in diesem Punkt die Experimentierfreude des Pflegers gefragt, denn eine allgemeingültige Aussage dazu ist nicht möglich. Aber selbst eine paarweise Haltung ist bei manchen Arten (z. B. *P. serraticauda, P. flavigularis*) nicht ratsam. So kommt es besonders bei Arten mit deutlichen Größenunterschieden zwischen den Geschlechtern immer wieder vor, dass ein paarungswilliges Männchen, wenn es vom Weibchen nicht geduldet wird, dieses innerhalb kürzester Zeit so sehr zerbeißt, dass es daran zugrunde geht. Bei solchen Arten empfehle ich eine Einzelhaltung, wobei die Weibchen immer nur für eine kurze Zeitspanne während ihrer Paarungswilligkeit unter Aufsicht zu den Männchen gesetzt werden. Meist erfolgen schon nach einigen Augenblicken Paarungen. Danach werden die Weibchen wieder in ihren Behälter zurückgesetzt.

Die gesamte Gattung *Phelsuma* gehört zu denjenigen Geckos, bei denen immer wieder einmal Beißereien innerartlich und auch zwischen verschiedenen Arten auftreten können. So sind besonders die Arten der Seychellen auffällig für immer wieder auftretende Beißereien unter den Geschlechtspartnern. Aber auch bei als besonders harmonisch und friedlich geltenden Arten wie *P. klemmeri* und *P. guttata* kann es durchaus zu heftigen Beißereien kommen. In solchen Fällen sind die Tiere immer so schnell wie möglich für einige Zeit zu trennen, um Verluste durch zu große Verletzungen zu vermeiden. Aus diesem Grund ist es immer von Vorteil, den einen oder anderen leeren Behälter zur Verfügung zu haben. Kleinere Verletzungen, wie sie besonders im Nackenbereich durch Paarungsbisse auftreten, sollten den Pfleger dagegen noch nicht beunruhigen. Eine mögliche Vergesellschaftung von Taggeckos, ob nun mit anderen Phelsumenarten oder aber anderen Reptilien oder Amphibien, kann immer nur unter Vorbehalt empfohlen werden. Etliche Phelsumenpfleger, darunter ich selbst, haben ohne Probleme verschiedene Phelsumenarten sowie auch Phelsumen und andere Terrarientiere über lange Zeiträume zusammen gepflegt. Allerdings muss die gut harmonierende Artenzusammenstellung des einen Pflegers nicht auch bei einem anderen funktionieren. Hier muss immer bedacht werden, dass unsere Pfleglinge durchaus Individuen sind, die auch innerartlich ganz verschiedene Verhaltensweisen entwickeln können. Bei der Vergesellschaftung kommt es eben nicht nur auf Behältergröße und Einrichtung, sondern im besonderen Maße auch auf den Charakter der einzelnen Tiere an.

Um Phelsumen verträglich zu vergesellschaften, kann die Faustregel „grün und grün: nein – grün und braun: ja" herangezogen werden. Das heißt, dass es oftmals Probleme gibt, zwei grüne Arten zu vergesellschaften. Dagegen ist es meist möglich, eine grüne mit einer nicht grünen Art zusammen zu pflegen. Gleiches gilt auch für die Aufzucht mehrerer Jungtiere in einem Behälter. Dass die Größenverhältnisse zwischen den einzelnen Arten annähernd gleich sein sollten, ist natürlich Voraussetzung. Weiterhin ist es durchaus möglich, Phelsumen mit anderen Reptilien wie Anolis, Skinken, kleinen Agamen sowie auch mit verschiedenen Amphibien in entsprechend großen und den einzelnen Arten entsprechend eingerichteten Terrarien zu vergesellschaften. Auch hier kann aber keine definitive Aussage gemacht werden, dafür gilt einmal mehr der Rat: „Probieren geht über Studieren". Auf alle Fälle sind die Tiere bei Anzeichen ständiger Unterdrückung oder auftretenden Verletzungen umgehend wieder zu trennen.

Auch der Katzenbuckel ist eine Drohgebärde, gezeigt von *P. pronki*

Zimmerhaltung

Wenn man sieht, welche Farbenpracht Phelsumen entwickeln, die aus dem Terrarium ins Zimmer entweichen konnten, stellt sich durchaus die Frage, ob man solche Geckos nicht frei im Zimmer halten kann. Im Prinzip ist dagegen auch nichts einzuwenden. Allerdings sollten Wohnräume schon aus hygienischen und auch optischen Gründen davon ausgeschlossen werden. Es ist unvermeidlich, dass sich die frei lebenden Phelsumen unübersehbar an den Wänden oder auch an anderen Stellen im Zimmer durch Kotabgabe verewigen werden. Wenn allerdings ein separater Raum für die Pflege der Geckos zur Verfügung steht, ist der Zimmerhaltung durchaus zuzustimmen. Es hat schon ein wenig exotisches Flair, wenn man die frei laufenden Phelsumen im Zimmer beobachten kann. Ich habe im Laufe der Jahre verschiedene Arten (teilweise auch nicht ganz freiwillig) einzeln und teils auch paarweise im Terrarienraum gepflegt. Bei den Paaren (z. B. *P. abbotti sumptio, P. laticauda, P. madagascariensis madagascariensis*) kam es dabei auch immer zur Vermehrung.

Die Eier wurden oft an unbekannten Stellen im Zimmer abgelegt, sodass die geschlüpften Jungtiere dann irgendwann von der Wand gesammelt werden konnten. Aber auch die Pflege einzelner Exemplare von Phelsumen und natürlich auch von Nachtgeckos im Zimmer hat den großen Vorteil, dass entwichene Futterinsekten meist schnell doch ihrer Bestimmung zugeführt werden. Eine zusätzliche Fütterung der frei lebenden Geckos ist oftmals nur sporadisch nötig. Ab und zu mit der Pinzette angebotene Futtertiere tragen aber meist sehr dazu bei, die frei lebenden Geckos an den Menschen zu gewöhnen und ihnen einen großen Teil ihrer Scheu zu nehmen. Unbedingt ist allerdings darauf zu achten, den Tieren ein Schälchen mit frischem Wasser zur Verfügung zu stellen.

Nun soll aber nicht nur von den Vorteilen der Zimmerhaltung gesprochen werden. Bei dieser Form der Pflege sind die Geckos selbstverständlich auch einigen Gefahren ausgesetzt. Diese sind vor allen Dingen das mögliche Entweichen aus dem Zimmer durch offen stehende Türen. An allen Fenstern sollte man zur Vermeidung der Flucht ein Fliegengitter

Freilebendes Männchen von *P. madagascariensis* holt sich seine Breiration ab

anbringen. Weiterhin kann es vorkommen, dass ein Tier an einem Tür- oder Fensterrahmen sitzt und beim Schließen der Tür oder des Fensters zerquetscht wird. Auch kann es passieren, dass ein Tier etwas zu sich nimmt, was nicht vertragen wird – wie z. B. Wasser mit Dünger, das zum Blumengießen genommen wurde und sich im Untersetzer gesammelt hat (bei mir geschehen). Auch sind eventuelle Mangelerkrankungen oftmals nicht frühzeitig zu erkennen, da die Tiere nicht immer präsent sind. Nicht zuletzt kann auch ein tierischer Mitbewohner, z. B. eine Katze, das vorzeitige Ende eines frei lebenden Geckos bedeuten. Ebenfalls ist nicht auszuschließen, dass von den im Zimmer geschlüpften Jungtieren auch einige von anderen „Freigängern" oder den Eltern gefressen werden. Schon aus diesen Gründen sollten zur Zimmerhaltung nur solche Tiere eingesetzt werden, die nicht heikel oder selten sind.

Freilandhaltung

Wenn die Möglichkeit besteht, seine Pfleglinge in den Sommermonaten im Freien unter natürlichem Sonnenlicht zu halten, sollte sie unbedingt genutzt werden. Dazu bieten sich Gärten, Terrassen oder auch Balkone an. Es ist für die Tiere wie ein Kuraufenthalt, wenn sie für einige Zeit in luftigen Gehegen das Sonnenlicht genießen können. Besonders für die Farbentwicklung bei Jungtieren oder auch die Auffrischung der Farben bei Adulti ist dies sehr vorteilhaft. Aber selbst so mancher kränkelnde oder rachitische Gecko konnte in Verbindung mit Mineralstoff- und Vitamingaben unter dem Einfluss von Sonnenlicht wieder regeneriert werden. Wichtig für den Freilandaufenthalt sind möglichst von allen Seiten gut belüftete Behälter. Sehr gut haben sich Terrarien bewährt, bei denen nur die Frontscheibe (Tür) und der Boden aus Glas bestehen und alle anderen Seiten sowie der Deckel mit Drahtgaze verschlossen sind. In den üblichen geschlossenen Behältern dagegen, bei denen nur der Deckel und eventuell ein Stück an der Seite oder Front mit Drahtgaze versehen ist, können durch Sonneneinstrahlung innerhalb kürzester Zeit tödliche Temperaturen für die Geckos erreicht werden. Dies kann allerdings auch an einem extrem heißen und windstillen Tag in Gazebehältern passieren. Wenn die

Das freilaufende Weibchen von *P. madagascariensis* hat ein Jungtier von den ebenfalls im Zimmer lebenden *Hemidactylus platycephalus* erbeutet

Tiere an solch seltenen Tagen nicht an einen sicheren schattigen Platz gestellt werden können, sollten sie lieber im Gebäude bleiben. Oftmals wird gerade bei Taggeckos vermutet, dass diese Tiere sehr empfindlich auf niedrige Temperaturen reagieren. Dies ist nicht so. Gesunde und an die Freilandhaltung gewöhnte Tiere können ohne Probleme Nachttemperaturen bis 10 °C vertragen. Allerdings sollten sie sich dann am Tage auch wieder aufwärmen können. Auch wenn es einmal einige regnerische Tage mit Temperaturen um die 12–15 °C gibt, macht dies den Phelsumen nichts aus. Es empfiehlt sich allerdings, die Terrarien bei längeren Regenperioden mit einer Glasscheibe oder Ähnlichem abzudecken, damit die Tiere nicht ständig der Feuchtigkeit ausgesetzt sind. Dann stellen sie meist nur die Nahrungsaufnahme ein. Aufgrund ihres natürlichen Lebensraumes in den Gebirgsregionen Madagaskars ist *P. barbouri* als Extrembeispiel zu nennen. Diese Art pflege ich vom Frühjahr bis spät in den Herbst ununterbrochen in Freilandterrarien. Dabei ist es schon vorgekommen, dass die Tiere Nachttemperaturen von 4 °C ausgesetzt wurden und dies ohne Probleme überstanden haben. Wenn allerdings die Tagestemperaturen über einen längeren Zeitraum nicht mehr über 15–20 °C erreichen, werden die Geckos wieder in die Zimmerterrarien gesetzt. Eine weitere Gefahr im Freien sind natürlich Katzen und Vögel. Deshalb sind die Behälter möglichst so aufzustellen oder zu sichern, dass sie nicht oder nur beschwerlich von diesen erreicht werden können. Nichts ist ärgerlicher, als wenn Phelsumen durch die von Katzen oder Vögeln beschädigte Gaze auf Nimmerwiedersehen entweichen konnten. Auch möchte ich aufgrund sehr misslicher eigener Erfahrung vor zu dünner Kunststoffgaze warnen. Diese kann durchaus nach 1–2 Jahren aufgrund der UV-Einstrahlung so brüchig werden, dass sie bei kleinster Berührung zerfällt oder auch von darin befindlichen Futterinsekten, wie Grillen, in sehr kurzer Zeit durchgefressen werden kann. Aus solchen Gründen sind zu Beginn meiner Freilanderfahrungen in meinem Garten leider schon einige teils sehr seltene Nachzuchten verloren gegangen. Mit Aluminium- oder Edelstahlgaze mit 0,5 mm Lochgröße kann man solche Verluste weitestgehend ausschließen.

Freilandanlage im Garten des Verfassers mit verschiedenen Ganzgazeterrarien

Eine weitere Gefahr für die Geckos können Ameisen werden. Wenn diese in großer Anzahl nachts in ein Terrarium eindringen, können sie in kurzer Zeit den Gecko skelettieren. Hundertprozentig kann man sich davor nicht schützen. Durch Kleberinge an den Beinen der Regale erschwert man den Ameisen doch deutlich ein Eindringen in die Terrarien. Ebenfalls Ameisen abwehrend ist das Einstellen der Regalbeine in flüssigkeitsgefüllte Behälter (Konservendosen mit Wasser etc.). Trotz allem ist die zeitweise Freilandhaltung aller Phelsumenarten unbedingt zu empfehlen.

Krankheiten und andere Probleme

Da bei einer Erkrankung der Tiere in den meisten Fällen der Gang zu einem auf Reptilien spezialisierten oder zumindest mit Reptilien erfahrenen Tierarzt die richtige Lösung ist, möchte ich hier dieses Thema nicht bis ins Detail abhandeln. Vielmehr soll in diesem Abschnitt das Erkennen und Behandeln von Symptomen und Auffälligkeiten an unseren Pfleglingen erläutert werden, die vom Pfleger behandelt oder vermieden werden können. Dass bei Neuzugängen, insbesondere wenn es sich um Wildfänge handelt, eine Quarantäne erforderlich ist, sollte genauso selbstverständlich sein wie die dazu gehörigen Kotuntersuchungen. Es kann aber durchaus vorkommen, dass auch Nachzuchten oder schon länger eingewöhnte Tiere plötzlich auffällige Änderungen zeigen. Dazu können eine dauerhaft gezeigte Stressfärbung, Futterverweigerung, anormale Bewegungen oder auch apathisches Verhalten gezählt werden. Diese Auffälligkeiten können durchaus auftreten, wenn das Tier durch ein anderes dauerhaft unterdrückt wird. Ist das auszuschließen, sollte man einen Tierarzt konsultieren. Da dieser meist eine Kotprobe des Tieres verlangt, ist es vorteilhaft, gleich etwas frischen Kot von dem erkrankten Tier in einem dichten Plastikgefäß mitzunehmen. Wenn dann ein Befall mit Innenparasiten, Viren oder Bakterien festgestellt wird, kann der Tierarzt die nötige Behandlung einleiten. Vom eigenen „Herumdoktern" an den Geckos ist dringend abzuraten. Die prophylaktische Gabe von Medikamenten ohne einen genauen Befund ist ebenfalls nicht ratsam. Es ist jedoch durchaus gerechtfertigt, verstorbene Tiere, deren Todesursache nicht zu erkennen ist, untersuchen zu lassen. Da es sich immer um eine infektiöse und ansteckende Erkrankung handeln kann, ist diese Maßnahme schon wegen der möglichen Infizierung des restlichen Tierbestandes zu empfehlen. Adressen für geeignete Untersuchungsstellen sind unter „Weitere Informationen" zu finden.

Rachitis

Die Rachitis oder Knochenerweichung ist wohl die am häufigsten auftretende Mangelerkrankung bei Phelsumen. Hervorgerufen wird sie durch ungenügende Versorgung der Tiere mit Mineralstoffen und Vitamin D_3. Allerdings kann auch eine Überdosierung von Vitamin D_3 zu ähnlichen Symptomen führen. Besonders Jungtiere im Wachstum sind anfällig für Rachitis und Weibchen während der Reproduktion für Osteomalazie. Im Anfangsstadium ist dies oft an einem sogenannten Wellenschwanz zu erkennen. Im fortgeschrittenen Stadium können dann Verformungen an der Wirbelsäule, den Extremitäten und am Kiefer auftreten. Sind erste

Phelsuma guimbeaui mit deutlichen durch Rachitis hervorgerufenen Wirbelsäulenverkrümmungen
Foto: R. Budzinski

Anzeichen von Rachitis zu erkennen, ist sofort zu überprüfen, ob die verabreichten Mineralstoffe und Vitamine (wenn denn welche gegeben wurden!) nicht am Verfallsdatum angelangt sind oder dieses sogar schon überschritten haben. Besonders das notwendige Vitamin D_3 ist recht schnell verfallen und somit das Mineralstoffpräparat so gut wie wertlos. Genau dieses Vitamin wird von den Reptilien benötigt, wenn ihnen keine UV-Bestrahlung geboten wird, um die notwendigen Mineralstoffe aufnehmen zu können. Ist dies der Fall, sind umgehend neue Präparate zu kaufen (siehe Abschnitt „Mineralstoffe und Vitamine"). Zusätzlich ist es sehr empfehlenswert, den Tieren beim Erkennen erster Anzeichen von Rachitis eine kontrollierte und dosierte UV-Bestrahlung (ca. 15–20 Minuten täglich) durch spezielle UV-Lampen zu ermöglichen. Noch besser wäre es, wenn den Tieren sofort die Möglichkeit geboten wird, sich natürlichem Sonnenlicht auszusetzen. Sind die Anzeichen einer Rachitis noch nicht zu sehr ausgeprägt, können diese fast vollständig behoben werden. Bei schon fortgeschrittener Rachitis ist es zwar möglich, diese zu stoppen und das Tier wieder zu stabilisieren, aber die Verformungen werden nie wieder verschwinden. Allerdings können solche geschädigten Tiere durchaus wieder zur Fortpflanzung schreiten und gesunde Nachkommen hervorbringen.

Phelsuma masohoala mit leichten Bissverletzungen, hier muss der Pfleger entscheiden, ob das Tier einzeln gesetzt werden soll. Solche Wunden werden in der Regel gut überstanden und verheilen leicht.
Foto: G. Trautmann

Knickschwanz

Der sogenannte Knickschwanz ist bestimmt vielen Phelsumenpflegern bekannt. Es handelt sich dabei um eine Anomalie, bei welcher der Schwanz des Geckos an der Wurzel einknickt und im Extremfall parallel auf dem Rücken aufliegen kann. Zu erkennen ist dies, wenn die Phelsume mit dem Bauch nach oben unter der Abdeckung hängt oder mit dem Kopf nach unten an senkrechten Flächen sitzt. Hervorgerufen werden kann dieses Phänomen zum einen im Zusammenhang mit einer Mangelerkrankung (Rachitis), einer zu üppigen Ernährung bzw. durch Zusammenwirken beider Faktoren. Bei einer zu reichlichen Ernährung ist das Wachstum der Geckos nicht im Einklang mit der Ausbildung des Skeletts. Durch Einlagerung von zu viel Fettgewebe im Schwanz, der ja auch als Fettspeicher dient, kommt es zu einer Überlastung der Muskulatur und des Skeletts an der Schwanzwurzel. Da Phelsumen sehr gerne kopfüber an fast senkrechten Flächen sitzen und auch meist so schlafen, kommt es wegen des zu großen Gewichts des Schwanzes zu einer Überdehnung an der Schwanzwurzel. Die Überdehnung nimmt immer stärker zu, je weiter der Schwanz überkippt. Ein weiterer Auslöser ist die Vorliebe mancher Geckos, sich an der Abdeckung des Terrariums bäuchlings aufzuhalten, um sich unter der Beleuchtung aufzuwärmen. Dem kann man entgegenwirken, indem man an geeigneten Stellen waagerechte Sonnenplätze anbringt, damit sich die Phelsumen in natürlicher Stellung aufwärmen können. Zusammenfassend kann gesagt werden, dass eine zu üppige und nährstoffreiche Ernährung der Jungtiere, mangelnde Zufuhr von Mineralstoffen und unnatürliches Verhalten im Terrarium die Auslöser für die Knickschwanzbildung sind.

Verletzungen

Es wird immer wieder vorkommen, dass man an seinen Geckos Verletzungen aufgrund von Streitereien, durch unsachgemäße Handhabung oder auch durch Unfälle beobachten kann. Handelt es sich hierbei um nicht zu große Hautverletzungen, lässt man das Tier am besten in Ruhe. Phelsumen haben ein erstaunliches Regenerationsvermögen, und meist ist die verletzte Stelle nach der zweiten Häutung kaum noch zu erkennen. Handelt es sich aber um großflächigere Verletzungen oder wird das Tier durch andere Mitbewohner weiter bedrängt, ist es sofort zu isolieren. Dazu wird der verletzte Gecko in ein sauberes Quarantäneterrarium (siehe „Quarantäne") gesetzt. Es ist hier unbedingt auf Bodengrund zu verzichten, damit kein Schmutz an die verletzten Stellen gelangt. Einige Lagen Küchenpapier sind als Bodengrund vollkommen ausreichend. Einige saubere Kletter- und Versteckmöglichkeiten vervollständigen die Einrichtung. Diese sollten aber so angebracht sein, dass eine Beobachtung des Geckos möglich ist, ohne ihn zu stören. In diesem Behälter wird das Tier ganz normal weiter versorgt, bis die Verletzungen abgeheilt sind. Eine Behandlung mit speziellen Wundmitteln halte ich für überflüssig und teilweise sogar schädlich, da es sich nicht vermeiden lässt, dass der Gecko daran herumleckt. Die dadurch aufgenommenen Substanzen können durchaus schädlich für das Tier sein. Sollte es durch irgendwelche Umstände einmal vorkommen, dass ein Gecko den Schwanz abwirft (Autotomie), ist dies meist ein recht großer Schock für den Pfleger, aber für den Gecko eine normale Abwehrreaktion. Wie auch unsere einheimischen Eidechsen haben Phelsumen die Möglichkeit, den Schwanz an entsprechenden Sollbruchstellen bei Gefahr abzuwerfen. Dies kann ihnen bei Angriffen durch Fressfeinde das Leben retten. Der Schwanz kann vollständig regeneriert wer-

Leider kommt es immer wieder mal vor, dass sich Taggeckos, die zuvor lange Zeit problemlos zusammenlebten, plötzlich heftige Bissverletzungen zufügen. Bei diesem Weibchen von *P. flavigularis* kam natürlich jede Hilfe zu spät!

den. Allerdings ist so ein Schwanzregenerat nicht mehr so lang, meist dicker und auch etwas anders gefärbt und beschuppt als das „Original". Eine separate Haltung erfordert solch ein „Missgeschick" aber in den meisten Fällen nicht. Anders sieht es aus, wenn bei Beißereien oder durch einen Unfall eine Gliedmaße abgetrennt wird. In so einem Fall ist der Gecko ebenfalls bis zur Ausheilung in ein separates Terrarium zu setzen. Das Fehlen eines Beines beeinträchtigt das Tier oft nur unwesentlich, und es ist fast genau so schnell wie vorher.

Dieses Männchen von *P. serraticauda* ist an starken Verbrennungen verendet, hervorgerufen durch eine handelsübliche Leuchtstoffröhre mit UV-Anteil. Der Gecko war an diese Leuchte gewöhnt, der Abstand wurde nicht verändert, nur die alte Röhre gegen eine neue getauscht!

Häutung und Häutungs-schwierigkeiten

Phelsumen stoßen in regelmäßigen Abständen – wie auch alle anderen Reptilien – ihre äußere Hautschicht ab. Da diese Hautschicht aus abgestorbenen Keratinzellen besteht, die nur bis zu einem bestimmten Maße dehnbar sind, und Geckos ihr Leben lang wachsen, muss diese in bestimmten Intervallen erneuert werden. Jungtiere müssen sich aufgrund des schnelleren Größenwachstums häufiger häuten als ausgewachsene Geckos. Angekündigt wird dieser Vorgang durch ein milchig trübes Aussehen und damit deutliches Verblassen der natürlichen Färbung unserer Phelsumen. Dies wird durch Flüssigkeitsansammlung zwischen der alten und der neuen Hautschicht hervorgerufen. Diese Flüssigkeitsansammlung erleichtert das Abstreifen der alten Haut, die dann von dem Gecko vorsichtig mit dem Maul oder durch Reiben an rauen Gegenständen abgezogen und meist vollständig aufgefressen wird. Sind nun nach dem Häutungsvorgang noch mehr oder weniger große Hautfetzen am Körper vorhanden, erkennbar an der weißlichen Farbe, spricht man von Häutungsschwierigkeiten. Diese treten meist im Zusammenhang mit ungünstigen oder falschen Haltungsbedingun-gen auf. Oft geht dem eine zu trockene, in seltenen Fällen aber auch eine zu feuchte Terrarienpflege voraus. Auch zu nahe angebrachte Wärmestrahler können zu solchen Erscheinungen beitragen, besonders am Rücken. Mitunter können auch Stoffwechselstörungen im Zusammenhang mit Mangelerscheinungen dazu führen.

Treten bei einem oder mehreren Tieren Häutungsschwierigkeiten auf, sind zuerst die Haltungsbedingungen und auch die Ernährung zu überprüfen bzw. zu korrigieren. Befinden sich nur wenige Hautfetzen am Körper des Geckos, sollte man abwarten, bis sich das Tier wieder häutet. Meist wird bei der nächsten Häutung der Rest der alten Haut mit abgestreift. Sind allerdings große Flächen oder der ganze Körper nicht gehäutet, muss der Pfleger eingreifen. Dies gilt ebenfalls, wenn die empfindlichen Haftlamellen an den Füßen der Phelsumen nicht sauber gehäutet wurden. In diesem Fall kann sich der Gecko nicht mehr richtig am Untergrund festhalten, was für das Tier sehr großen Stress bedeutet. Oftmals wird der Gecko dadurch apathisch und kann sogar die Nahrungsaufnahme einstellen. Solche Tiere sind in einen Behälter mit feuchtem Fließpapier zu setzen. Dieser muss unbedingt warm (etwa 30 °C) aufgestellt werden, damit der Gecko durch die Verdunstung

Phelsuma seippi bei der Häutung, Lokobe-Reservat auf Nosy Bé

nicht zu sehr auskühlt. Nach einigen Stunden ist die Haut aufgeweicht, und der Gecko kann mit viel Fingerspitzengefühl und unter Verwendung einer kleinen Pinzette vorsichtig gehäutet werden. Dass dies für den Gecko eine enorme Stresssituation ist, muss nicht extra erwähnt werden. Daher kann es durchaus erforderlich sein, diese Prozedur nach einiger Zeit zu unterbrechen, um dem Tier eine Erholungspause zu gönnen.

Legenot

Die Legenot ist eine eher selten auftretende Erscheinung bei Phelsumen. Von Legenot spricht man, wenn ein hochträchtiges Weibchen aus bestimmten Umständen nicht in der Lage ist, die Eier abzulegen. Das Tier kann daran zugrunde gehen. Schlechte Haltungsbedingungen, kein geeigneter Eiablageplatz, zu kühle Haltung oder auch das ständige Bedrängen durch Mitbewohner im Terrarium können Auslöser für eine Legenot sein. Ist zu beobachten, dass ein Weibchen mit legereifen Eiern mehrere Tage unruhig im Terrarium herumsucht, ohne dass es zur einer Eiablage kommt, sollte umgehend überprüft werden, ob eventuell einer oder mehrere der oben genannten Punkte zutreffen. In den wenigsten Fällen sind krankheitsbedingte oder anatomische Faktoren für eine Legenot verantwortlich. Eine vom Tierarzt mit dem Wehen auslösenden Mittel Oxytocin ausgelöste „Geburtshilfe" ist nur in den seltensten Fällen nötig und für den Gecko auch nicht ungefährlich.

Milben

Das Auftreten von Milben im Terrarium wird meist durch eine zu feuchte und unhygienische Haltung gefördert. Dem ist durch gut belüftete und saubere Behälter vorzubeugen. Anders sieht es mit den sogenannten Blutmilben aus. Dabei handelt es sich um Milbenarten, die an den Schuppenwurzeln der

Geckos leben und deren Blut saugen. Zu erkennen sind diese Schmarotzer als kleine rote Punkte, meist an der Bauchseite oder an den Ansätzen der Gliedmaßen. In den natürlichen Lebensräumen parasitieren Blutmilben sehr häufig an Geckos und gehören somit zur natürlichen Begleitfauna. Wenn diese Milben nur in kleinen Stückzahlen auf den Geckos zu finden sind, hat dies auch kaum Auswirkungen auf das Wohlbefinden und die Gesundheit des Wirtes. Problematisch wird es allerdings, wenn sich die Milben, bedingt durch den begrenzten Lebensraum Terrarium, stark vermehren. Bei starkem Befall können die Geckos durch Juckreiz gestresst werden, bei kleineren Exemplaren können sogar ernsthafte Schäden durch Blutverlust auftreten, die manchmal bis zum Tode führen. Weiterhin wird vermutet, dass durch Milben auch Krankheiten

Phelsuma berghofi bei der Kontrolle des kurz zuvor angeklebten Geleges

Eine gesunde *Phelsuma lineata punctulata* mit gut verheilten Bissverletzungen
Foto: M. Vences

übertragen werden. Aus diesem Grund sollte schon etwas gegen diese Plagegeister unternommen werden. Bei geringem Befall (eine bis ca. acht Milben am Körper des Geckos) genügt es meistens, das Terrarium, in denen Phelsumen mit Blutmilben aufgefallen sind, für einige Zeit etwas wärmer und vor allen Dingen trockener zu halten. Wenn nach der nächsten Häutung keine Blutmilben mehr zu erkennen sind, kann das ursprüngliche Klima wieder eingestellt werden. Bei hartnäckigem Befall (über zehn Milben pro Tier) empfiehlt es sich, ein etwa briefmarkengroßes Stück Insektizidstrip oder ein etwa 1 cm langes Stück Hunde- bzw. Katzenflohhalsband im Terrarium anzubringen. Es sollte so angebracht werden, dass es sich nicht direkt an einer Heizquelle befindet. Ebenfalls ist darauf zu achten, dass es nicht mit Wasser in Verbindung kommen kann. Außerdem muss sich der Wirkstoffträger außerhalb der Reichweite unserer Geckos befinden, sodass diese nicht daran herum lecken können. Durch Ausdunsten des Wirkstoffes werden die Milben und deren Brut auch in den versteckten Ecken und Winkeln des Terrariums bekämpft. Allerdings muss erwähnt werden, dass es bei zu starker Konzentration des Wirkstoffes in der Luft auch zu Problemen bei den Geckos kommen kann. Deshalb ist es unerlässlich, die Phelsumen während der Behandlung genau zu beobachten. Bei eventuell auftretendem Muskelzittern, Krämpfen, Lähmungserscheinungen oder Koordinationsstörungen muss der Wirkstoff sofort aus dem Terrarium entfernt und dieses gut belüftet werden. Sind trotzdem noch Milben vorhanden, kann die Behandlung nach einigen Tagen mit einem Insektizidstreifen der halben Größe weitergeführt werden. Bei der gesamten Prozedur ist natürlich darauf zu achten, dass eventuell gepflegte Wirbellose oder Futtertiere nicht mit „behandelt" werden. Bei erneutem Auftreten von Problemen bei den Geckos ist davon auszugehen, dass dieses Präparat nicht geeignet ist, und man sollte auf ein anderes ausweichen. Das Ausbreiten von Blutmilben auf andere Terrarien konnte ich trotz teilweise dicht miteinander verbundener Terrarien noch nicht beobachten, es ist aber nicht auszuschließen.

Vermehrung

Paarung

Besitzt man ein harmonierendes Pärchen einer Art, ist dieses kaum von der Vermehrung abzubringen. Es gibt Arten, die sich unter geeigneten Bedingungen das ganze Jahr über paaren und Eier legen. Andere wiederum schalten nach einigen Eiablagen eine Pause ein. Phelsumen können als gut zu vermehrende Geckos eingestuft werden. Ausnahmen bilden einige Arten, die meist in den Hochlandregionen von Madagaskar vorkommen. Zu diesen gehören z. B. *P. barbouri*, *P. flavigularis*, *P. madagascariensis boehmei* oder *P. pronki*. Aber auch einige Ostküstenbewohner können Schwierigkeiten bei der Vermehrung machen. In beiden Fällen ist oftmals das in diesen Regionen vorherrschende spezielle Klima für das Einsetzen der Paarungswilligkeit verantwortlich. In den Hochlandregionen sowie auch an der Ostküste handelt es sich dabei um die jahreszeitlich bedingte Abkühlung mit gleichzeitiger Trockenheit. In den warmen Monaten wird durch häufige Regenfälle auch die Luftfeuchtigkeit deutlich angehoben. Diese Klimakonstellation trifft in abgeschwächter Form aber auch auf alle anderen Teile von Madagaskar zu. Aus diesem Grund ist es sehr vorteilhaft, wenn man allen im Terrarium gepflegten Phelsumen eine jahreszeitliche Klimaänderung (siehe „Winterruhe") bietet.

Die Paarungen laufen immer nach einem bestimmten Muster ab. Normalerweise geht das Männchen langsam mit ruckartigen seitlichen Kopfbewegungen auf das Weibchen zu. Dabei wird hin und wieder auch die Zunge langsam in Richtung des Weibchens ausgestreckt, um Sexualduftstoffe aufzunehmen. Das Weibchen beantwortet dieses Verhalten manchmal mit der gleichen Aktion. Nun versucht das Männchen, von hinten über den Rücken des Weibchens zu klettern und sich rechts oder links am Nacken zu verbeißen. Dies ist der sogenannte Paarungsbiss. Wenn das Weibchen bis jetzt nicht ausgewichen ist, kommt es zur Kopulation. Dafür schiebt nun das Männchen seine Kloake gegen die des Weibchens und führt einen seiner beiden Hemipenes in die Kloakenöffnung des Weibchens ein. Die Paarung kann zwischen zwei und mehreren Minuten dauern.

Typisch ist das Herausstrecken der Zunge beim Balzverhalten oder auch bei Streitigkeiten, hier bei *P. nigristiata*

Hochträchtige *Phelsuma klemmeri*

Etwas eigenwillige Paarung von *P. borbonica*

Das oben erwähnte Balzverhalten wird aber mitunter auch extrem verkürzt. Ein sehr erregtes Männchen kann ein Weibchen durchaus überfallartig und ohne ein „Vorspiel" packen und sich paaren. Dies erinnert dann mehr an eine Vergewaltigung. Dabei ist es nicht selten, dass die Weibchen deutliche Verletzungen an der Nackenregion davontragen. Wenn diese Verletzungen zu groß sind oder man erkennen kann, dass ein Weibchen zu sehr von einem Männchen bedrängt wird, ist unbedingt eine zeitweilige Trennung des Paares anzuraten. Zu erkennen ist diese Notwendigkeit, wenn ein Weibchen sich nur noch in ungünstigen Ecken des Terrariums aufhält, die Nahrungsaufnahme einstellt und auch keine normale Färbung mehr zeigt. Bei manchen Arten (z. B. *P. serraticauda*, *P. flavigularis*) kann eine so große Aggressivität der Männchen gegen die Weibchen auftreten, dass es sich empfiehlt, die Tiere generell einzeln zu pflegen und nur unter Aufsicht zur Paarung zusammenzusetzen. Bei diesen Arten ist das Größenverhältnis zwischen den Geschlechtern so unterschiedlich, dass die deutlich kleineren Weibchen oftmals keine Chance haben, sich zu verteidigen. Besonders bei *P. serraticauda* tritt es häufig auf, dass ein paarungswilliges Männchen ein unwilliges Weibchen innerhalb kurzer Zeit (bei mir innerhalb einer halben Stunde, in der die Tiere nicht unter Beobachtung waren!) so sehr zerbeißt, dass es daran zugrunde geht. Die Tiere können durchaus schon mehrere Monate zuvor problemlos zusammengelebt haben. Leider kann dieses Verhalten bei fast allen Arten innerhalb der Gattung *Phelsuma* auftreten. So musste ich mit ansehen, wie ein Männchen von *P. dubia* sein kleineres Weibchen einfach in der Mitte durchbiss. Dieses Paar lebte schon etliche Jahre ohne die Anzeichen von Aggression zusammen und hatte viele befruchtete Gelege produziert. Hin und wieder kann es aber auch vorkommen, dass Weibchen, besonders wenn sie trächtig sind, dem Männchen gegenüber aggressiv werden. Dieses Verhalten ist häufig bei den Seychellen-Phelsumen zu beobachten. Auch hier hilft oftmals eine zeitweilige Trennung.

Eiablage

Nach einer oder mehreren Paarungen dauert es meist nicht lange, bis man die heranwachsenden Eier an der Bauchunterseite der Weibchen durchscheinen sieht. Artabhängig sind die Eier unterschiedlich deutlich durch die Bauchdecke der Tiere zu sehen. Bei vielen Arten sind die Eier gut, bei manchen sehr gut zu erkennen (wie z. B. bei *P. guttata*, *P. klemmeri*, *P. lineata*, *P. serraticauda* oder *P. mutabilis*). Jedoch ist die Trächtigkeit bei einigen Arten oft nur durch das geübte Auge des Pflegers

zu bemerken (z. B. bei *P. barbouri*, *P. standingi* sowie auch bei einigen anderen größeren Phelsumenarten). Nach erfolgreichen Paarungen benötigen die Eier ca. 16–28 Tage zur vollständigen Entwicklung und werden, je nach Art, nach ca. 18–30 Tagen abgelegt. Die Zeiträume zwischen den einzelnen Eiablagen sind artbedingt sehr unterschiedlich und hängen auch vom körperlichen Zustand des Weibchens ab. In der Zeit der Eientwicklung haben die Weibchen natürlich einen sehr hohen Kalziumbedarf. Dies ist am deutlichen Abnehmen der Kalksäckchen beiderseits des Halses erkennbar. Deshalb ist es in der Reproduktionszeit besonders wichtig, immer ausreichend kalziumhaltige Mineralstoffe oder/und zerkleinerte Sepia- bzw. Hühnereierschale anzubieten.

Für die Eiablage werden die unterschiedlichsten Plätze und Substrate aufgesucht. Die sogenannten Eileger unter den Phelsumen bevorzugen meist Blattachseln der verschiedensten Pflanzen, offene Bambusröhren und Hohlräume in Ästen oder Spalten zwischen anderen Einrichtungsgegenständen. Aber auch Futtergläser, Filmdosen oder andere Behälter, in welche die Geckos sich hineinlegen können, werden manchmal als Eiablageplatz angenommen. Es ist durchaus nicht ungewöhnlich, dass man auch einmal ein Gelege auf dem Boden

Einige Möglichkeiten der Fixierung von Phelsumeneiern

Wenn Gelege nicht ent-
nommen werden können,
müssen diese durch Abde-
ckungen gesichert werden,
wie hier bei dem Schlüpf-
ling von *P. malamakibo*

Auch wenn immer wieder berichtet wird, manche Arten würden ihre Jungtiere nicht behelligen, und auch bei mir durchaus Jungtiere aus nicht gefundenen Eiern im Terrarium der Elterntiere angetroffen wurden, kann eine hundertprozentige Garantie nie gegeben werden, dass nicht doch das eine oder andere Elterntier kronistische Neigungen entwickelt. Eine Ausnahme bildet *P. standingi*. Von dieser Art wurde bisher noch nie berichtet, dass die Jungtiere, die im Terrarium der Elterntiere geschlüpft waren, von diesen behelligt worden wären. Jungtiere dieser Art können bis zum Eintritt der Geschlechtsreife bei den Elterntieren verbleiben.

Bei den Arten, die ihre Gelege an mehr oder weniger feste Untergründe ankleben, den sogenannten Eiklebern, gestaltet es sich etwas schwieriger, die Eier aus dem Terrarium zu entfernen. Manchmal ist es sogar unmöglich. Im günstigsten Fall kleben sie die Gelege an die Blätter der Terrarienpflanzen. Dann kann man einfach das Blatt oder ein Stück davon abschneiden und das Gelege in den Inkubator legen. Allerdings sollten die Blattreste so dicht wie möglich um die Eier abgeschnitten werden. Es kann sonst durchaus vorkommen, dass sich das vertrocknende Blatt so ungünstig um die Eier wellt, dass diese dadurch zerdrückt werden. Sind die Eier an ein Blatt von *Sansevieria* sp. geklebt, kann es auch passieren, dass sich diese aufgrund der wachsartigen Oberfläche dieser Blätter beim Abschneiden lösen. Also hier immer beim Zurechtschneiden des Blattes einen Lappen oder etwas anderes Weiches unter die Eier legen, damit diese nicht zerbrechen, wenn sie sich plötzlich ablösen.

finden kann, sei es nun heruntergefallen oder tatsächlich dort abgelegt worden. Die Gelege bestehen in den meisten Fällen aus zwei miteinander verbundenen Eiern – sogenannte Doppelgelege. Mitunter kommt es aber auch vor, dass die beiden abgelegten Eier getrennt zu finden sind oder auch nur ein Einzelei abgesetzt wird. Die Eier sind bei Austritt aus der Kloake weich und feucht und werden vom Weibchen mit den Hinterbeinen so lange gehalten bzw. gedreht, bis sie trocken und ausgehärtet sind.

Bei den sogenannten Eiklebern wird das noch feuchte und klebrige Gelege an einen geeigneten Untergrund gehaftet und ebenfalls so lange gehalten, bis die Eier angeklebt und ausgehärtet sind. Die Gelege sollten möglichst bald aus dem Terrarium genommen und zum Ausbrüten in einen Inkubator gelegt werden.

Eikleber suchen gern die Öffnungen von Bambusröhren für die Eiablage auf. Für diese Fälle gibt es mehrere gute Lösungen. Die einfachste ist, das Bambusstück mit dem Gelege einfach mit einer Grillendose, deren Deckel mit Gaze versehen wurde, sicher zu umschließen. Das Bambusstück kann im Terrarium verbleiben oder an einen anderen Ort mit geeigneter Temperatur gestellt werden. Die geschlüpften Phelsumen finden wir dann in der Grillendose und können sie von dort problemlos in geeignete Behälter umsetzen. Eine andere erfolgreiche Methode ist es, die Bambusröhren oder andere von den Phelsumen bevorzugte Hohlräume mit dünnen Wachsplatten auszufüllen. Die Phelsumen kleben ihre Gelege auf das Wachs, von dem die Eier gut abgelöst werden können. Auch haben einige Terrarianer mit Papierrollen, die in die Röhren gesteckt und an die dann die Gelege geheftet wurden, gute Erfahrungen gemacht. Ebenfalls sehr bewährt haben sich die Stängel der allerdings sehr giftigen (siehe oben) Herkulesstaude (*Heracleum persicum*), die anstelle von Bambus in das Terrarium gestellt werden (siehe Abschnitt „Klettermöglichkeiten"). Diese Pflanzen haben hohle, innen mit einer samtigen, weißen Oberfläche versehene Stängel. Wenn die Eier an diese geklebt werden, bereitet es keine Probleme, sie davon abzulösen. Wer ganz sicher gehen möchte, kann auch die gut zu bearbeitenden Stängel zurechtschneiden und das Stück mit dem Gelege in den Inkubator legen. Es ist aber auch durchaus möglich, dass Filmdosen (bei mir wurden diese besonders gern von *P. guimbeaui* angenommen), Steine (*P. barbouri*), Korkrindenstücke oder andere Einrichtungsgegenstände von den Taggeckos für die Eiablage genutzt werden. Problematisch wird es, wenn die Tiere ihre Eier an die Scheiben des Terrariums kleben. Geschieht dies im oberen Bereich, wird es oftmals durch die Beleuchtung am Tage zu warm für die Gelege. In diesem Fall muss entweder die Beleuchtung reduziert werden, oder es wird täglich ein feuchter Lappen unmittelbar über dem Gelege platziert, um durch die Verdunstungskälte etwas Kühlung für die Eier zu erzielen. Auch sollten diese Eier mit einem Gazedeckel (kleines Sieb oder ein mit Gaze versehener Deckel) geschützt werden. Dadurch wird zum einen verhindert, dass die Eier beschädigt oder die geschlüpften Jungtiere gefressen werden, und zum anderen können die kleinen Geckos sich nach dem Schlupf nicht im Terrarium verstecken. Sind die Gelege jedoch so angeklebt, dass die Scheiben zum Öffnen des Terrariums blockiert sind, ist in den meisten Fällen die Zerstörung der Eier unumgänglich, da ja die adulten Geckos versorgt werden müssen.

Inkubation

Die Inkubation von Phelsumeneiern bereitet in den meisten Fällen keine Schwierigkeiten. Wenn sich Eier nicht entwickeln oder die Jungtiere im Ei absterben, ist eher eine mangelhafte oder ungenügende Versorgung der Elterntiere mit notwendigen Nähr- und Zusatzstoffen verantwortlich als falsche Inkubationsbedingungen. Wenn man bei seinen Phelsumen Gelege gefunden hat, ist es am günstigsten, diese in einem geeigneten Inkubator (Brutbehälter) unterzubringen. Bei mir hat sich die „Jäger-Kunstglucke" seit vielen Jahren gut bewährt. Aber auch andere im Handel angebotene und auch selbst gebaute Brutbehälter werden ihren Zweck erfüllen, wenn bestimmte Bedingungen dabei berücksichtigt werden. Der wichtigste Punkt ist die Umgebungstemperatur der Eier. Nach eigenen Erfahrungen ist eine durchgehend gleich bleibende Temperatur meist ungünstig. Ich habe die besten Erfahrungen gemacht, wenn die Bruttemperatur am Tage zwischen 27 und 33 °C liegt und in der Nacht durch Abschalten des Brutapparates auf Zimmertemperatur abfällt. Selbst wenn die Temperaturen kurzzeitig auf bis zu 10 °C absinken, schadet das den sich entwickelnden Geckos nicht. Die unter diesen Bedingungen geschlüpften Jungtiere sind meist kräftig, und auch das Geschlechterverhältnis ist recht ausgewogen. Da immer wieder zu beobachten ist, dass bei manchen Arten mehr Weibchen als Männchen schlüpfen, wird oft versucht, das Geschlechterverhältnis durch eine höhere Bruttemperatur (konstant 32–35 °C) auszugleichen. Dass dies durchaus möglich ist, hat sich schon mehrfach bestätigt. Ein Nachteil ist aber, dass bei dauerhaft hohen Temperaturen erbrüteten Eiern die Schlüpflinge oftmals deutlich kleiner und hinfälliger sind als solche, die bei „normalen", schwankenden Temperaturen erbrütet wurden.

Der zweite Faktor, der bei der Inkubation beachtet werden muss, ist die Luftfeuchtigkeit. Bei manchen Arten schlüpfen die Jungtiere problemlos, auch wenn die Gelege ohne jegliche zusätzliche Feuchtigkeitszufuhr erbrütet wurden. Es genügt meist die vorhandene relative Luftfeuchte, die im Raum vorherrscht, in dem die Eier stehen. Jedoch gibt es auch Arten, bei denen die Embryos bei zu geringer Luftfeuchtigkeit im Ei absterben und darin regelrecht vertrocknen. Aus diesem Grund sollten die Gelege immer bei einer relativen Luftfeuchtigkeit von etwa 50–70 % ausgebrütet werden. Um dies zu erreichen, gibt es verschiedene Möglichkeiten. Bewährt hat sich folgende Methode: Man nimmt einen Behälter, in dessen Deckel eine kleine Öffnung für den notwendigen Gasaustausch geschnitten wurde, die man wieder mit Gaze verschließt. Den Boden dieses Behälters bedeckt

In der altbewährten Kunstglucke lassen sich die Gelege gut ausbrüten

man mit einem feuchten Substrat (Vermiculit, Perlit, Seramis o. Ä.). Auf dieses Substrat wird ein Styroporblock gelegt, auf dem dann die Eier platziert werden. Auf keinen Fall sollten die Eier direkt in dem feuchten Substrat liegen. Obwohl es der Entwicklung der Eier offenbar nicht schadet, wenn sie ab und zu mal kurzzeitig direkt mit Wasser in Kontakt kommen, sollte es doch vermieden werden, dass die Gelege besprüht werden. Ebenfalls scheint es der Entwicklung nicht allzu viel zu schaden, wenn die Eier doch einmal bewegt werden. Wenn die Eier an der Oberseite markiert wurden, sind sie leicht wieder in ihre ursprüngliche Lage zu versetzen. Um aber ein Herumrollen der Eier zu vermeiden, werden diese auf dem Styroporblock fixiert. Dazu kann man kleine Vertiefungen in den Block drücken, in die dann die Eier gelegt werden, die Eier zwischen Nadeln einklemmen oder sie sogar mit etwas Klebstoff befestigen. Die so fixierten Gelege können von geschlüpften Jungtieren nicht bewegt oder beschädigt werden.

Sind die Behälter mit den Eiern offen in einem warmen Raum untergebracht, kann der Gasaustausch durch die Gazeöffnung ungehindert erfolgen. Steht jedoch der Behälter in einem Brutapparat, sollte dieser täglich einmal kurz geöffnet werden, damit frischer Sauerstoff hineingelangen kann.

Die Zeit, bis die kleinen Geckos schlüpfen, ist von vielen Faktoren abhängig, insbesondere natürlich der Temperatur, und auch von Art zu Art unterschiedlich. Ich verzichte deshalb hier darauf, „genaue" Angaben zu den Inkubationszeiten zu machen. Als Faustregel kann man sagen, dass die kleineren Arten bei den von mir genannten Brutbedingungen nach ca. 35–50 Tagen schlüpfen und die größeren nach ca. 45–70 Tagen. Auf keinen Fall ist der Fehler zu machen, die Eier zu öffnen, weil man glaubt, dass die veranschlagte Inkubationszeit verstrichen ist. Die Enttäuschung wird umso größer sein, wenn man dann einen fast fertig entwickelten kleinen Gecko lebend in dem Ei findet, der aber noch ein paar Tage für die vollständige Entwicklung gebraucht hätte und so unweigerlich verloren geht. Auch aus diesem Grund halte ich nicht viel davon, Gelege zu öffnen, um den Jungtieren beim Schlupf behilflich zu sein. Meist sind solche Tiere, die nicht aus eigener Kraft aus dem Ei kommen, ohnehin unterentwickelt und hinfällig. Selbst wenn schon ein Gecko aus einem Doppelei geschlüpft ist, kann es durchaus vorkommen, dass der zweite erst nach einigen Tagen das Licht der Welt erblickt. Ist ein Gelege doch mal überfällig und man hat noch ein weiteres von dieser Art, das später abgesetzt wurde, sollte so lange gewartet werden, bis die Jungtiere aus einem etwa einen Monat später abgelegten Gelege geschlüpft sind. Nun kann man das überfällige Gelege öffnen, um nachzusehen, ob die Eier befruchtet waren.

Aber auch äußerlich kann man erkennen, ob es befruchtete oder unbefruchtete Eier sind. Die unbefruchteten bleiben weiß und zeigen auch nach Wochen keine deutliche Verfärbung. Befruchtete Eier dagegen werden nach einigen Tagen leicht rosa und mit der Zeit dunkler als unbefruchtete oder frisch abgelegte Eier.

Aufzucht der Jungtiere

Sind die ersten Phelsumen geschlüpft, beginnt für den Pfleger die verantwortungsvolle und auch zeitintensive Aufzucht der kleinen Geckos. Die frisch geschlüpften Kleinen können unter verschiedenen Bedingungen gepflegt werden. Manche Züchter bevorzugen eine Einzelaufzucht, da Taggeckos teilweise sehr streitsüchtig untereinander sein können. Die Unverträglichkeit ist aber je nach Individuum verschieden stark ausgeprägt und kann von Art zu Art, aber auch innerartlich sehr unterschiedlich sein. Für die Einzelaufzucht geeignet sind handelsübliche kleine Plastik- oder auch Glasterrarien. Deutlich günstiger kommt man weg, wenn die Aufzuchtbehälter selbst

Die meisten Arten lassen sich in den ersten Monaten gut in der „Dosenhaltung" aufziehen

angefertigt werden. Dazu eignen sich verschiedene Plastikdosen. Bei diesen wird in den Deckel sowie an einer oder besser an zwei Seiten eine Öffnung geschnitten und diese wieder mit engmaschiger Drahtgaze verschlossen, damit eine ausreichende Belüftung gewährleistet ist.

Etliche Züchter lassen aber auch ihre Jungtiere in Gruppen heranwachsen. Dazu müssen die verwendeten Aufzuchtbehälter natürlich in größeren Abmessungen zur Verfügung stehen. Die Gruppenaufzucht hat den Vorteil, dass man nicht so viele Behälter benötigt und die Geckos durch Futterneid zur Nahrungsaufnahme animiert werden. Auf alle Fälle sind nur etwa gleich große Tiere und wenn möglich von unterschiedlichen Arten zusammenzusetzen. Auch hier hat sich die Faustregel „grün/braun" wie bei der Vergesellschaftung sehr gut bewährt. Sind deutliche Größenunterschiede zwischen den heranwachsenden Geckos zu erkennen, sollten diese getrennt werden. Meist ist in solchen Fällen ein Tier sehr dominant und unterdrückt die anderen, sodass diese nicht mehr oder nur noch unzureichend Nahrung zu sich nehmen. Welche Methode für die Aufzucht der Jungtiere gewählt wird, muss jeder selbst entscheiden und ausprobieren.

Die Aufzuchtbehälter werden mit verschiedenen Klettermöglichkeiten und einer kleinen Pflanze ausgestattet. Dafür eignen sich sehr gut Kunststoffpflanzen. Diese benötigen keine Pflege, halten die Feuchtigkeit recht lange nach dem Besprühen und können problemlos gereinigt werden. Den Geckos ist es gleichgültig, ob sie auf echten oder künstlichen Pflanzen herumklettern.

Als Bodengrund kann man Erde oder feinen Sand verwenden. Da die Phelsumen mitunter auch Sand fressen, sollte dieser nicht zu grobkörnig sein, da es sonst zu Verstopfungen kommen kann. Bei manchen Arten konnte ich beobachten, dass die juvenilen Geckos beim Fangen von Futtertieren häufig daneben bissen und dabei Bodensubstrat ins Maul bekamen. Dies stresste die kleinen Phelsumen offenbar so sehr, dass es dadurch immer wieder zu Todesfällen kam. Deshalb bin ich bei solchen Arten (siehe Artenteil) dazu übergegangen, Küchenpapier als Substrat zu verwenden. Das hält ebenfalls die Feuchtigkeit und kann schnell gewechselt werden.

Die Behältereinrichtung sollte ein- bis zweimal täglich leicht mit frischem Wasser überbraust werden, um ein günstiges Klima für die Jungtiere zu schaffen und um ihnen eine Trinkmöglichkeit anzubieten. Ein kleines Gefäß mit frischem Wasser sollte aber trotzdem immer zur Verfügung stehen. Als Le-

bendfutter sind in den ersten Tagen kleinste Heimchen oder Grillen sowie Fruchtfliegen geeignet. Die Fütterung mit Wachsmaden sollte man in den ersten Tagen vermeiden, da es durchaus vorkommen kann, dass sich die Geckos sehr schnell an dieses wohlschmeckende Futter gewöhnen und andere Futtertiere hartnäckig verweigern. Für etliche Phelsumenarten ist es sehr wichtig, wenn nicht sogar überlebenswichtig, dass ihnen mindestens einmal wöchentlich pflanzliche Nahrung wie Fruchtbrei angeboten wird. Alle Futtertiere sowie auch die nicht tierische Nahrung sind mit Mineralstoffen anzureichern. In der Regel genügt es, die Jungtiere etwa alle zwei Tage zu füttern. Wenn täglich gefüttert wird, sollte die Futtermenge nicht zu groß sein. Auf alle Fälle sollten immer so viele Futtertiere angeboten werden, wie innerhalb eines Tages gefressen werden. Übrig gebliebene und zu groß gewordene Futtertiere (insbesondere Grillen) können für die kleinen Taggeckos eine echte Gefahr werden. Es ist durchaus schon vorgekommen, dass der Spieß umgedreht wurde und die Grillen einen schlafenden Gecko gefressen haben. Außerdem schadet es den Phelsumen meist mehr, wenn sie allzu schnell heranwachsen. In solchen Fällen kann es sein, dass einige Tiere das sogenannte Knickschwanzsyndrom entwickeln. Auch können schon Jungtiere zur Verfettung neigen und sehen dann nicht nur hässlich aus, sondern können unter Umständen auch für die Zucht unbrauchbar werden.

Wichtig, insbesondere für die Farbausbildung der Taggeckos, ist eine gute Beleuchtung der Aufzuchtbehälter. Ob dazu auch UV-Lampen benötigt werden, kann nicht mit eindeutiger Sicherheit gesagt werden. Viele mir bekannte Züchter und auch ich selbst haben noch nie spezielles UV-Licht für die Aufzucht verwendet, und wir konnten keine Probleme bei den Geckos feststellen. Allerdings schadet es auch nicht, wenn handelsübliche Lampen mit UV-Anteil verwendet werden. Hier muss jeder selbst entscheiden, welches

PHELSUMA BERGHOFI

PHELSUMA BARBOURI

PHELSUMA PRONKI

Die meisten Arten lassen sich in den ersten Monaten gut in kleinen Terrarien oder sogar gut durchlüfteten Gazebehältern aufziehen

Licht er einsetzt. Sehr vorteilhaft ist es, wenn man den Tieren in den Sommermonaten die Möglichkeit bietet, unter natürlichem Sonnenlicht heranzuwachsen. Es ist aber unbedingt darauf zu achten, dass es nicht zur Überhitzung in den Behältern kommen kann. Temperaturen über 40 °C sind in kleinen, wenig belüfteten Behältern sehr schnell erreicht und meist tödlich für die Jungtiere. Die Aufzuchttemperaturen sollten etwa denjenigen entsprechen, die wir den adulten Geckos anbieten.

Meist sind die kleineren Phelsumenarten schon nach 9–12 Monaten, die großen Arten nach 11–14 Monaten geschlechtsreif. Für die körperliche Ausreifung, besonders der Weibchen, ist es aber vorteilhaft, den Tieren noch einige Monate für ihre Entwicklung zu gönnen, bevor sie zu Zuchtzwecken mit andersgeschlechtlichen Partnern zusammengesetzt werden.

Artenteil

Liste aller bisher bekannten Phelsumen

Phelsuma abbotti abbotti	STEJNEGER, 1893	Aldabra-Atoll / Seychellen
Phelsuma abbotti chekei	BÖRNER & MINUTH, 1984	Diego Suarez / N-Madagaskar
Phelsuma abbotti sumptio	CHEKE, 1982	Insel Assumption / Seychellen
Phelsuma andamanense	BLYTH, 1860	Port Blair / Andamanen
Phelsuma antanosy	RAXWORTHY & NUSSBAUM, 1993	Petriky / SO-Madagaskar
Phelsuma astriata astriata	TORNIER, 1901	Insel Mahé / Seychellen
Phelsuma astriata semicarinata	CHEKE, 1982	Insel Praslin / Seychellen
Phelsuma barbouri	LOVERIDGE, 1942	Ambohimirandrana / Zentral-Magaskar
Phelsuma berghofi	KRÜGER, 1996	Somisiky / SO-Madagaskar
Phelsuma borai	GLAW, KÖHLER & VENCES, 2009	Antsalova / W-Madagaskar
Phelsuma borbonica borbonica	MERTENS, 1966	Le Brûlé / La Réunion
Phelsuma borbonica agalegae	CHEKE, 1975	Agalega-Inseln
Phelsuma borbonica mater	MEIER, 1995	Basse Vallée / La Réunion
Phelsuma breviceps	BOETTGER, 1894	Lac Tsimanampetsotsa / SW- Mad.
Phelsuma cepediana	(MILBERT, 1812)	Mauritius
Phelsuma comorensis	(BOETTGER, 1913)	La Grille (Grande Comore) / Komoren
Phelsuma dorsivittata	MERTENS, 1964	Joffreville / N-Madagaskar
Phelsuma dubia	(BOETTGER, 1881)	Majunga / NW-Madagaskar
Phelsuma edwardnewtoni	BOULENGER, 1884	Insel Rodrigues
Phelsuma flavigularis	MERTENS, 1962	Perinet / O-Madagaskar
Phelsuma gigas	(LIÉNARD, 1842)	Insel Frégate bei Rodrigues
Phelsuma gouldi	CROTTINI, GEHRING, GLAW, HARRIS, LIMA & VENCES, 2011	Ambalavao / S- Madagaskar
Phelsuma grandis	GRAY, 1870	Diego-Suarez / N-Madagaskar
Phelsuma guentheri	BOULENGER, 1885	Round Island / Mauritius
Phelsuma guimbeaui	MERTENS, 1963	Pailles / Mauritius
Phelsuma guttata	KAUDERN, 1922	Fandrarazana / NO-Madagaskar
Phelsuma hielscheri	RÖSLER, OBST & SEIPP, 2000	Morondava / W-Madagaskar
Phelsuma hoeschi	BERGHOF & TRAUTMANN, 2009	Ambila-Lemaitso / O-Madagaskar
Phelsuma inexpectata	MERTENS, 1966	Manapany les Baines / La Réunion
Phelsuma kely	SCHÖNECKER, BACH & GLAW, 2004	Lac Ampitabe / O-Madagaskar
Phelsuma klemmeri	SEIPP, 1991	Antsatsaka / NW-Madagaskar
Phelsuma kochi	MERTENS, 1954	Maevatanana / NW-Madagaskar
Phelsuma laticauda laticauda	(BOETTGER, 1880)	Nosy Bé / NW-Madagaskar
Phelsuma laticauda angularis	MERTENS, 1964	Antsohihy / NW-Madagaskar
Phelsuma lineata lineata	(GRAY, 1842)	Tamatave / O-Madagaskar
Phelsuma lineata bombetokensis	MERTENS, 1964	Marovoay / NW-Madagaskar
Phelsuma lineata elanthana	KRÜGER, 1996	Antananarivo / Zentral-Madagaskar
Phelsuma lineata punctulata	MERTENS, 1970	Tsaratanana-Gebirge / N-Madagaskar
Phelsuma mad. madagascariensis	(GRAY, 1831)	Tamatave / O-Madagaskar
Phelsuma madagascariensis boehmei	MEIER, 1982	Perinet / O-Madagaskar
Phelsuma malamakibo	NUSSBAUM, RAXWORTHY, RASELI-MANANA & RAMANAMANJATO, 2000	Andohahela-NSG / SO-Madagaskar
Phelsuma masohoala	RAXWORTHY & NUSSBAUM, 1994	Cap Est / NO-Madagaskar
Phelsuma modesta modesta	MERTENS, 1970	Ambovombé / S-Madagaskar

Phelsuma modesta isakae	MEIER, 1993	Isaka / SO-Madagaskar
Phelsuma modesta leiogaster	MERTENS, 1973	Tulear / SW-Madagaskar
Phelsuma mutabilis	GRANDIDIER, 1869	Menabé / W-Madagaskar
Phelsuma nigristriata	MEIER, 1984	Insel Mayotte / Komoren
Phelsuma ornata	GRAY, 1825	Sebastopol / Mauritius
Phelsuma parkeri	LOVERIDGE, 1941	Kinowe (Insel Pemba) / Tansania
Phelsuma parva	MEIER, 1983	Tamatave / O-Madagaskar
Phelsuma pasteuri	MEIER, 1984	Insel Mayotte / Komoren
Phelsuma pronki	SEIPP, 1995	Andramasina / Zentral-Madagaskar
Phelsuma pusilla pusilla	MERTENS, 1964	Ambila-Lemaitso / O-Madagaskar
Phelsuma pusilla hallmanni	MEIER, 1989	Perinet / O-Madagaskar
Phelsuma quadriocellata quadriocellata	(PETERS, 1883)	Perinet / O-Madagaskar
Phelsuma quadriocellata bimaculata	KAUDERN, 1922	Fandrarazana / NO-Madagaskar
Phelsuma quadriocellata lepida	KRÜGER, 1993	Andapa / NO-Madagaskar
Phelsuma ravenala	RAXWORTHY, INGRAM, RABIBISOA & PEARSON, 2007	Mananjary / O-Madagaskar
Phelsuma robertmertensi	MEIER, 1980	Insel Mayotte / Komoren
Phelsuma roesleri	GLAW, GEHRING, KÖHLER, FRANZEN & VENCES, 2010	Ankarana / N-Madagaskar
Phelsuma rosagularis	VINSON & VINSON, 1969	Macabé-Wald / Mauritius
Phelsuma seippi	MEIER, 1987	Nosy Bé / NW-Madagaskar
Phelsuma serraticauda	MERTENS, 1963	Ivoloina / O-Madagaskar
Phelsuma standingi	METHUEN & HEWITT, 1913	Andranolaho, Tongobory / SW-Mad.
Phelsuma sundbergi sundbergi	RENDAHL, 1939	Insel Praslin / Seychellen
Phelsuma sundbergi ladiguensis	BÖHME & MEIER, 1981	Insel La Digue / Seychellen
Phelsuma sundbergi longinsulae	RENDAHL, 1939	Long Island / Seychellen
Phelsuma vanheygeni	LERNER, 2004	Kongony / NW-Madagaskar
Phelsuma v-nigra v-nigra	(BOETTGER, 1913)	Insel Mohéli / Komoren
Phelsuma v-nigra anjouanensis	MEIER, 1986	Insel Anjouan / Komoren
Phelsuma v-nigra comoraegrandensis	MEIER, 1986	Insel Grande Comore / Komoren

Alle Arten im Überblick

Nachfolgend werden alle zurzeit anerkannten rezenten Phelsumenarten kurz vorgestellt. Die Einteilung in gut oder schwieriger zu pflegende Arten wurde von mir nach meinen eigenen Erfahrungen vorgenommen. Dies muss sich nicht in jedem Fall mit den Erfahrungen anderer Phelsumenpfleger decken und ist deshalb nicht als eindeutiger Hinweis anzusehen. Die Einteilung soll nur dem Neuling bei der Phelsumenpflege einen Anhaltspunkt bei der Auswahl der gewünschten Art geben. Auf eine Beschreibung der jeweiligen Arten wurde verzichtet, da die Bilder aussagekräftig genug sind. Eventuelle Besonderheiten werden im Text angesprochen. Unter der Rubrik „Terrarienhaltung" wurde bei den einzelnen Arten hin und wieder der Hin-

weis „Literatur" angefügt. Hier wird auf einige deutschsprachige Artikel hingewiesen, die sich mit der Pflege und Vermehrung der jeweiligen Art beschäftigen. All denjenigen, die gründlichere Informationen zu bestimmten Arten möchten und detailliertere Beschreibungen wünschen, sei wiederum das schon mehrfach genannte Buch von HALLMANN et al. (1997, 2008) empfohlen. Im Abschnitt „Noch nicht beschriebene oder nicht sicher einzuordnende Formen" werden einige Phelsumen vorgestellt, deren genauer Art- oder Unterartstatus noch nicht sicher eingestuft werden konnte. Inwieweit es sich bei ihnen tatsächliche um neue Arten oder Unterarten handelt, muss durch detaillierte Untersuchungen erst noch geklärt werden.

Gut bis sehr gut zu pflegende Arten

Phelsuma abbotti

Unterarten:

Phelsuma abbotti abbotti Stejneger, 1893
Verbreitung: Aldabra-Atoll, Seychellen
Gesamtlänge: bis 110 mm, Eileger

Phelsuma abbotti chekei (Börner & Minuth, 1984)
Verbreitung: Nord- und Westmadagaskar, vorgelagerte Inseln
Gesamtlänge: bis 150 mm, meist kleiner, Eileger

Phelsuma abbotti sumptio Cheke, 1982
Verbreitung: Insel Assumption, Seychellen
Gesamtlänge: bis 160 mm, Eileger

Lebensraum: *Phelsuma a. abbotti* ist nur vom Aldabra-Atoll bekannt. Die Tiere leben dort bevorzugt auf Laubbäumen und Palmen. Vereinzelt sind diese Tiere auch auf Felsen oder an den Häusern der Einwohner zu finden. Die auf Aldabra lebenden Seychellen-Riesenschildkröten *Dipsochelys dussumieri* werden mitunter auch von den Geckos aufgesucht. Die Echsen nutzen die Schildkröten als willkommenen Futterlieferanten, wenn diese sich gerade in der Nähe des von den Phelsumen bewohnten Baumes oder Strauches aufhalten. Dass die Geckos auf die Schildkröten springen, um auf und unter den Schildplatten nach Insekten zu suchen, wurde schon mehrfach beobachtet. *Phelsuma a. chekei* hat ein sehr großes Verbreitungsgebiet. Die Tiere sind meist in küstennahen Waldgebieten an Laubbäumen zu finden. Diese Unterart konnte auch in den Höhenlagen des Ankarana-Massivs und im Montagne de Français an strauchähnlichem Bewuchs sowie an Felsen nachgewiesen werden. Die größte Unterart, *P. a. sumptio*, kommt nur auf der kleinen Insel Assumpti-on vor. Auch sie bewohnt bevorzugt Laubbäume

Phelsuma abbotti abbotti, laut Einfuhrpapieren stammt dieses Tier von Aldabra – der Terra typica der Nominatform
Foto: J. Wohlers

mit nicht allzu glatter Rindenstruktur, ist aber ebenso an Palmen und Gebäuden zu finden. Das Klima im Lebensraum aller *P.-abbotti*-Unterarten ist sehr warm, windig und keinen großen Temperaturschwankungen zwischen Tag und Nacht unterworfen.

Terrarienhaltung: Alle Unterarten sind für die Terrarienhaltung sehr gut geeignet. Damit diese Geckos ihre meist bläuliche Färbung zeigen, müssen die Terrarien gut beleuchtet und belüftet sein. Da diese Phelsumen keine allzu hohe Luftfeuchtigkeit benötigen, genügt es, einmal täglich zu sprühen; der Bodengrund sollte trocken sein. Die Nachzucht bereitet

Phelsuma abbotti sumptio,
Männchen auf Assumption
Foto: D. Hansen

Phelsuma abbotti chekei,
Männchen von Nosy Bé

keine besonderen Schwierigkeiten.

Phelsuma a. chekei und *P. a. sumptio* wurden bereits in mehreren Generationen vermehrt. Für die in Europa gehaltenen *P. a. abbotti* ist unklar, ob es sich noch um die reine Nominatform handelt oder ob es zur Hybridisierung mit *P. a. chekei* gekommen ist.

Empfohlene Mindestgröße des Terrariums für ein Pärchen: ca. 50 × 50 × 65 cm (L × B × H).

Besonderes: Aufgrund des recht großen Verbreitungsgebietes von *P. a. chekei* gibt es verschiedene Farbvarianten. Die Grundfärbung kann je nach Vorkommensgebiet von Graugrün über Hellgrün bis zu Hellblau variieren. Es sollte daher darauf geachtet werden, nur Tiere zu verpaaren, die aus dem gleichen Vorkommensgebiet stammen. Obwohl *P. a. sumptio* ein sehr gut zu vermehrender Pflegling ist, verdient diese Art doch besondere Aufmerksamkeit, damit sie nicht wieder aus unserem Terrarienbestand verschwindet. Abgesehen davon, dass der legale Import gesetzlich unterbunden ist, wäre auch eine genehmigte Beschaffung sehr beschwerlich, da das Vorkommensgebiet sehr abgelegen ist. Bei *P. a. abbotti* ist die Gefahr einer Bastardisierung mit *P. a. chekei* sehr groß, weil die Unterscheidung oft nur aufgrund der geringeren Größe der Nominatform möglich ist. Falls es einen sicheren Terrarienbestand von *P. a. abbotti* geben sollte, sollte peinlichst darauf geachtet werden, dass die verpaarten Tiere derselben Unterart angehören.

Phelsuma astriata

Unterarten:

Phelsuma astriata astriata TORNIER, 1901
Verbreitung: Seychelleninseln Mahé, Silhouette, Thérèse, Astove und Frégate
Gesamtlänge: bis 130 mm, Eileger

Phelsuma astriata semicarinata CHEKE, 1981
Verbreitung: nordöstliche Inseln der inneren Seychellen, Denis, Daros und St. Joseph
Gesamtlänge: bis 120 mm, Eileger

Lebensraum: Beide Unterarten leben auf den Seychellen. Dort werden bevorzugt Palmen, aber auch die Häuser der Einwohner sowie Hotelanlagen bewohnt. Das Klima der recht kleinen Inseln wird von der Äquatornähe sowie vom warmen Indischen Ozean bestimmt und ist das ganze Jahr weitestgehend gleichmäßig warm. Ein stetig wehender Wind ist immer vorhanden.

Terrarienhaltung: Pflege und Vermehrung bereiten keine Schwierigkeiten. Da sich beide Unterarten aber aufgrund der besonderen klimatischen Verhältnisse in ihrem Verbreitungsgebiet auch im Terrarium das ganze Jahr über vermehren können, ist auf reichhaltige Mineralstoffzufuhr besonders bei den Weibchen zu achten. Die Terrarien sollten reichlich bepflanzt sein. Offene Bambusrohre werden für die Eiablage bevorzugt. Täglich sollte man ein- bis zweimal sprühen, der Bodengrund kann etwas feucht gehalten werden.

Empfohlene Mindestgröße des Terrariums für ein Pärchen: ca. 50 × 50 × 60 cm (L × B × H).
Besonderes: Eine Eigenart beider Unterarten ist die teils beträchtliche Aggressivität untereinander. Besonders trächtige Weibchen neigen dazu, die Männchen so sehr zu attackieren, dass diese bei nicht rechtzeitiger Trennung an den dabei entstehenden Bissverletzungen verenden können. Aus diesem Grunde ist es günstig, bei der Pflege dieser

Phelsuma astriata astriata,
weibliches Nachzuchttier

Phelsuma astriata semi-carinata, Männchen im Lebensraum auf La Digue
Foto: R. Budzinski

Art immer ein Ausweichterrarium bereitzu-halten. Sehr angenehm ist, dass die leuchten-de Farbenpracht auch von den Nachzuchten vom Schlüpfling an gezeigt wird und bis zum Alter unverändert bleibt.

83

Phelsuma dubia
(Boettger, 1881)

Verbreitung: Nordwest- und Nordmadagaskar, Komoren, Sansibar, Küstengebiete Tansanias und Kenias

Gesamtlänge: bis 160 mm, Eikleber

Lebensraum: *Phelsuma dubia* hat wohl die größte Verbreitung innerhalb der Gattung. Allerdings beschränkt sich ihr Vorkommen immer auf die feuchtheißen, sonnendurchfluteten Küstenregionen. Dort lebt sie vorwiegend auf Palmen, seltener an Bananenpflanzen oder auch Häusern. Die weiter im Landesinneren liegenden Fundortangaben früherer Arbeiten konnten bisher nicht bestätigt werden, bzw. diese für *P. dubia* gehaltenen Geckos wurden zu einer anderen Art gestellt (*P. hielscheri*). Ebenfalls müssen die Fundorte südlich von Morondava nach der Beschreibung von *P. hielscheri* mit Skepsis betrachtet und eingehend überprüft werden.

Terrarienhaltung: Eine der am einfachsten und in großen Stückzahlen nachzüchtbaren Arten der Gattung. *Phelsuma dubia* ist sehr anpassungsfähig, muss aber lichtintensiv und luftig gehalten werden. Täglich einmal sprühen genügt. Der Bodengrund sollte trocken gehalten werden. Die Eier werden an ein geeignetes Substrat geklebt. Aufgrund des recht kurzen Legeintervalls und der Menge an Gelegen, die einzelne Weibchen produzieren können (bei mir wurden einmal 18 Doppelgelege in einem Jahr von einem Weibchen abgelegt), ist immer auf ausreichende Mineralstoffzufuhr zu achten.

Empfohlene Mindestgröße des Terrariums für ein Pärchen: ca. 50 × 50 × 65 cm (L × B × H).

Literatur: Krause (2006)

Besonderes: Obwohl *P. dubia* die ideale „Einsteigerphelsume" ist, wird diese Art wohl aufgrund der unscheinbareren Fär-

Phelsuma dubia, Männchen auf Mayotte

Phelsuma dubia auf
Mayotte

Phelsuma dubia, Jungtier
Foto: P. Krause

bung nicht sehr häufig gehalten. Die natürliche Färbung wird bei der Terrarienhaltung leider nicht erreicht, kann aber mit guten Haltungsbedingungen annähernd erzielt werden. Gerade für die Gemeinschaftshaltung mit anderen Terrarientieren außerhalb der Gattung Phelsuma ist diese Art gut geeignet. Außerdem wird der Pfleger von den Jungtieren mit ihren leuchtend orangegelben Schwänzen und den kleinen blauen Punkten am Körper für die etwas schlichte Färbung der adulten Tiere „entschädigt".

Es sollte aber gerade bei dieser Art immer darauf geachtet werden, dass sich nicht zu viele Jungtiere ansammeln. Denn es kann schon recht stressig werden, wenn zu viele Nachzuchten vergebens auf Interessenten warten. In diesem – und nur in diesem – Fall ist es ratsam, nicht alle Gelege zum Schlüpfen zu bringen. Auch wenn es dem Nachzuchtgedanken entgegensteht, aber man sollte die Paare rechtzeitig trennen, um nicht zu viele Jungtiere zu züchten, da es sonst zu einem Überangebot kommen würde.

Phelsuma dorsivittata
MERTENS, 1964

Verbreitung: Nordwest- bis Nordost-Mada-gaskar
Gesamtlänge: bis 125 mm, Eileger

Lebensraum: *Phelsuma dorsivittata* bewohnt bevorzugt bananenähnliche Pflanzen mit großen Blättern, Agavengewächse oder Schraubenpalmen der Gattung *Pandanus*. Sie sind aber auch an Gebäuden zu finden und können damit zu den Kulturfolgern gezählt werden.

Terrarienhaltung: Dieser Taggecko ist recht gut im Terrarium zu pflegen und zu vermehren. Die Behälter sollten gut beleuchtet und warm sein. Die Temperatur kann am Tage bis auf 35 °C ansteigen. Ein- bis zweimal täglich sprühen sowie ein mäßig feuchter Bodengrund sind ausreichend für die erforderliche Luftfeuchtigkeit. Dieser Taggecko vermehrt sich meist prob-lemlos das ganze Jahr über. Bei *P. dorsivittata* ist es vorteilhaft, die Paarungswilligkeit durch eine mehrmonatige trockenere und kühlere Winterzeit etwas einzuschränken, damit sich die Weibchen nicht zu sehr verausgaben. Die Gelege werden bevorzugt in die Blattachseln von Pflanzen oder offene Bambusstäbe gelegt.

Empfohlene Mindestgröße des Terrariums für ein Pärchen: ca. 50 × 50 × 65 cm (L × B × H).

Literatur: LIPP (2002)

Besonderes: Obwohl *P. dorsivittata* in der Natur zum Teil sehr farbenprächtig ist, muss erwähnt werden, dass die Nachzuchten diese Farbbrillanz nie ganz erreichen. Bei sehr guter Beleuchtung und möglichst häufigen Freilandaufenthalten unter natürlichem Sonnenlicht können die Farben der Nachzuchten annähernd die Intensität der Tiere im Lebensraum erreichen.

Phelsuma dorsivittata,
Männchen bei Joffreville

Phelsuma grandis
GRAY, 1870

Verbreitung: Nordwest-, Nord- und Nordost-Madagaskar, eingebürgert in Mauritius, Reunion, Florida und Hawaii
Gesamtlänge: bis 300 mm, Eileger

Lebensraum: Der große Madagaskar-Taggecko ist überwiegend ein Baumbewohner. Die Tiere leben meist auf Laubbäumen oder auch Palmen und Bananengewächsen, man kann diese Taggeckos mitunter aber auch an oder in Gebäuden finden. Diese Art ist vom Nordwesten über den gesamten Norden bis zur Masoala-Region im Nordosten Madagaskars sowohl in den Küstengegenden als auch teilweise im Landesinneren anzutreffen.

Terrarienhaltung: *Phelsuma grandis* ist wohl der bekannteste Vertreter der Gattung. Diese Geckos sind sehr ausdauernde Terrarien-pfleglinge und können in großen Stückzahlen vermehrt werden. Wegen der recht hohen Vermehrungsrate sind Importe dieser Art abzulehnen, da der Bedarf durchaus mit Nachzuchten abgedeckt werden kann. Die Nachzucht bereitet bei harmonierenden Paaren keine Schwicrigkcitcn. Mitunter wird von einer erfolgreichen Gruppenhaltung von einem Männchen mit mehreren Weibchen berichtet. Die Geckos können sehr zutraulich werden und haben eine Lebenserwartung von 20 Jahren und mehr.

Empfohlene Mindestgröße des Terrariums für ein Pärchen: ca. 70 × 70 × 100 cm (L × B × H).

Literatur: GERHARDT (2002); HIELSCHER (1975); KOBER (1990)

Besonderes: Bei *P. grandis* ist im Gegensatz zu vielen anderen Phelsumenarten zu beobachten, dass die Rotzeichnung bei Nachzuchten nicht nur gleichbleibend brillant ist, sondern sogar noch stark gesteigert werden kann. Das hat sogar schon zu sogenannten Farbzuchten geführt. Allerdings können auch bei intensiv gefärbten Paaren auch hin und wieder weniger rot gefärbte oder ganz grüne Tiere vorkommen. Allerdings wird beobachtet, dass die Vermehrungsrate bei den extrem herausgezüchteten, sogenannten „Highred"-Tieren teilweise stark rückläufig ist.

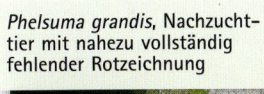
Phelsuma grandis, Nachzuchttier mit nahezu vollständig fehlender Rotzeichnung

Phelsuma grandis, Farbnachzucht mit extrem ausgeprägter Rotzeichnung

Phelsuma klemmeri ist eine prächtig gefärbte Phelsume

Phelsuma klemmeri
SEIPP, 1991

Verbreitung: Nordwest-Madagaskar
Gesamtlänge: bis 90 mm, Eileger

Lebensraum: Der Lebensraum dieser Art erstreckt sich auf den Nordwesten Madagaskars. Dort sind diese Taggeckos bevorzugt an Bambus, mitunter aber auch an anderen Baumarten zu finden. Ursprünglich wurde angenommen, dass diese Art nur in einem sehr begrenzten Gebiet anzutreffen sei. Dies konnte glücklicherweise durch mehrere neue, weiter südlich gelegene Fundorte widerlegt werden.

Terrarienhaltung: *Phelsuma klemmeri* ist eine sehr anpassungsfähige und gut zu vermehrende Art. Obwohl nach ihrer Entdeckung nur wenige Tiere importiert wurden, konnte sich eine große Terrarienpopulation etablieren. Die Reproduktionsrate ist sehr hoch, und die Aufzucht der Jungtiere bereitet keine Schwierigkeiten. Die Eier werden bevorzugt in Bambusröhren oder Blattachseln abgelegt und sind verhältnismäßig groß. Im Gegensatz zu den meisten anderen Phelsumenarten ist die innerartliche Aggressivität nicht so stark ausgeprägt, sodass es häufig gelingt, ein Männchen mit mehreren Weibchen zusammen zu halten. Die Terrarien müssen sehr dicht schließen (nicht luftdicht!), da es diesen Geckos möglich ist, sich stark abzuflachen und durch kleinste Ritzen zu entweichen. Als Klettermöglichkeiten empfehlen sich Bambusrohre und glattblättrige Pflanzen, der Bodengrund sollte trocken gehalten werden. Einmal täglich sprühen ist ausreichend.

Empfohlene Mindestgröße des Terrariums für ein Pärchen: ca. 30 × 30 × 45 cm (L × B × H).

Literatur: ANDERS (2002)

Besonderes: *Phelsuma klemmeri* ist ein sehr gutes Beispiel für die Möglichkeit der Arterhaltung durch Terrarianer. Da diese Art ursprünglich nur von zwei sehr kleinen Verbreitungsgebieten bekannt war, wurden nur sehr wenige Tiere importiert. Diese wenigen Taggeckos reichten aber aus, um diese Art dauerhaft und in starker Stückzahl in den Terrarien zu etablieren. *Phelsuma klemmeri* ist recht zutraulich und verliert ihre fantastische Färbung unter Terrarienbedingungen nicht.

Phelsuma kochi
MERTENS, 1954

Verbreitung: West-Madagaskar
Gesamtlänge: bis 240 mm, Eileger

Lebensraum: *Phelsuma kochi* lebt bevorzugt in der Küstenregion, ist in manchen Gebieten aber auch mehrere Kilometer im Landesinneren anzutreffen. Bevorzugt werden größere Laubbäume, Palmen und Bananengewächse bewohnt, aber auch an Gebäuden sind die Tiere anzutreffen. Das Verbreitungsgebiet erstreckt sich von der Region um Morondava bis oberhalb von Mahajanga. Weiter nördlich soll es Übergangsformen mit *P. grandis* geben.

Terrarienhaltung: Die Pflege und Vermeh-rung von *P. kochi* ist identisch mit der von *P. grandis.*

Empfohlene Mindestgröße des Terrariums für ein Pärchen: ca. 50 × 50 × 80 cm (L × B × H).

Besonderes: Um die mögliche Farbenpracht dieser Art auch im Terrarium weitestgehend zu erhalten, ist auf eine gute Beleuchtung zu achten. Die Nachzuchten erreichen meist nicht die Farbintensität von Wildfängen. Die Farbintensität durch Auswahlzucht zu steigern, wie es bei *P. grandis* möglich ist, ist bei dieser Art leider noch nicht gelungen. Trotzdem ist diese Art vor allem auch Anfängern sehr zu empfehlen, da die Tiere robuste, leicht zu vermehrende, zutrauliche und durchaus attraktive Pfleglinge sind.

Phelsuma kochi, Männchen bei Antsohihy
Foto: A. Hartig

Jungtier von *P. kochi* bei Soalala
Foto: A. Hartig

Phelsuma laticauda

Unterarten:
Phelsuma laticauda laticauda (BOETTGER, 1880)
Verbreitung: Nordwest-Madagaskar, Komoreninseln Mayotte und Anjouan, Seychelleninseln Farquhar und Cerf sowie eingebürgert auf Réunion und Hawaii
Gesamtlänge: bis 140 mm, meist kleiner, Eileger

Phelsuma laticauda angularis MERTENS, 1964
Verbreitung: Nordwest-Madagaskar
Gesamtlänge: bis 120 mm, Eileger

Lebensraum: *Phelsuma l. laticauda* ist von Nordost- und Nordwest-Madagaskar bis etwa 150 km südlich von Ambanja bekannt. Ebenso plötzlich, wie deren Lebensraum endet, beginnt das Verbreitungsgebiet von *P. l. angularis* etwa 200 km südlich Ambanjas und erstreckt sich über etwa 130 km südlich bis kurz nach Antsohihy. Beide Formen bevorzugen als Lebensraum Bananenpflanzen und Palmen, werden aber mitunter auch an Bäumen gefunden. *Phelsuma l. laticauda* ist außerdem auch häufig an Häusern oder Hotels zu beobachten. Das gesamte Verbreitungsgebiet von *P. laticauda* unterliegt dem feuchtheißen Küstenklima des Nordwestens, Nordens und Nordostens mit nur sehr geringen Tages- und Nachttemperaturschwankungen.

Terrarienhaltung: Beide Unterarten sind sehr gut zu halten und zur Vermehrung zu bringen. Die Terrarien müssen gut beleuchtet und dürfen nicht zu feucht sein. Einmal täglich sprühen genügt, der Bodengrund sollte trocken sein. Als Klettermöglichkeiten sind Äste mit glatter Rindenstruktur oder Bambus zu emp-

Weibliche *Phelsuma l. laticauda* in Sambava, Madagaskar

Phelsuma laticauda angu-laris im Lebensraum bei Antsohihy

Phelsuma l. laticauda am Cap Est, Madagaskar

fehlen. Die Eier werden lose, bevorzugt in Blattachseln, abgelegt. Die Reproduktionsrate ist sehr hoch und die Aufzucht der Jungtiere unproblematisch. Die Farbbrillanz der Wildtiere wird bei den Nachzuchten leider nicht erreicht, kann aber durch sommerlichen Freilandaufenthalt deutlich verbessert werden.

Empfohlene Mindestgröße des Terrariums für ein Pärchen: ca. 50 × 50 × 60 cm (L × B × H).

Literatur: BERGHOF (2004); KRAUSE (2004)

Besonderes: *Phelsuma l. laticauda* kann wohl als eine der bekanntesten und auch schönsten Taggeckoarten genannt werden. *Phelsuma l. angularis* steht der Nominatform in puncto Farbenpracht nicht nach, allerdings ist diese Unterart nicht so sehr in den Terrarien verbreitet. Gerade bei dieser Unterart kommt es immer wieder vor, dass bläuliche Exemplare hervorgebracht werden. Aufgrund der starken Aggressivität ist nur eine paarweise Haltung zu empfehlen. Beide Arten sind sehr empfehlenswert für den Einstieg in die Phelsumenpflege.

Phelsuma lineata

Unterarten:

Phelsuma lineata lineata GRAY, 1842
Verbreitung: Gesamte Ostküste Madagaskars
Gesamtlänge: bis 145 mm
Eileger

Phelsuma lineata bombetokensis MERTENS, 1964
Verbreitung: Nordwest-Madagaskar
Gesamtlänge: bis 110 mm
Eileger

Phelsuma lineata elanthana KRÜGER, 1996
Verbreitung: Zentrales Hochland Madagaskars
Gesamtlänge: bis 120 mm
Eileger

Phelsuma lineata punctulata MERTENS, 1970
Verbreitung: Nord-Madagaskar
Gesamtlänge: bis 115 mm
Vermutlich Eileger

Lebensraum: Die Unterarten von *P. lineata* bewohnen in ihren jeweiligen Vorkommensgebieten bevorzugt bananenähnliche Pflanzen mit großen Blättern oder Schraubenpalmen der Gattung *Pandanus*. Die Unterarten *P. l. lineata* und *P. l. elanthana* sind aber auch häufig an Gebäuden zu finden und können damit zu den Kulturfolgern gezählt werden. *Phelsuma l. bombetokensis* ist dagegen eher selten an Häusern zu beobachten. Da *P. l. elanthana* und manche Populationen von *P. l. lineata* aus dem Hochland kommen, sind diese an zum Teil recht kühles Klima in den Monaten der Trockenzeit gewöhnt. Während der restlichen Jahreszeit ist aber auch im Hochland das Klima sehr warm mit intensiver Sonneneinstrahlung, allerdings mit einem deutlichen Tag- und Nachttemperaturwechsel. Der Lebensraum von *P. l. bombetokensis* und den meisten Populationen von *P. l. lineata* wird jedoch vom feuchtwarmen Küstenklima bestimmt.

Der Lebensraum von *P. l. punctulata* liegt in den höher gelegenen Regionen des Tsaratanana-Gebirges und ist bisher nur recht wenig untersucht. In den Hochlagen von 2.200–2.700 m ü. NN tritt *P. l. punctulata* als reiner Felsbewohner in offenen felsigen Gebirgsregionen mit Grasvegetation auf. Es sind aber auch Populationen auf der Hochebene südlich von Tsaratanana auf 1.400 m ü. NN bekannt, welche genetisch etwas unterschiedlich sind und dort als Kulturfolger auf Sträuchern, Zäunen und Ähnlichem leben. Diese Exemplare zeigen kleine rote Punkte, im Gegensatz zu den Tieren der Hochgebirgspopulationen, die hauptsächlich schwarze Punkte aufweisen (M. VENCES, schriftl. Mittlg.).

Phelsuma lineata lineata im Lebensraum bei Andasibe

Das Klima in diesem Lebensraum ist feucht und nicht allzu warm, mit deutlichen Temperaturunterschieden zwischen Tag und Nacht. **Terrarienhaltung:** Bis auf *P. l. punctulata*, von der es keine Erfahrungen unter Terrarienbedingungen gibt, sind alle Unterarten von *P. lineata* recht gut im Terrarium zu pflegen und zu vermehren. Die Behälter sollten gut beleuchtet und warm sein. Die Temperatur kann am Tage bis auf 35 °C ansteigen. Ein bis zweimal täglich sprühen sowie ein mäßig feuchter Bodengrund sind ausreichend für die erforderliche Luftfeuchtigkeit. Bis auf *P. l. elanthana* vermehren sich die Unterarten von *P. lineata* meist problemlos das ganze Jahr über. Bei *P. l. elanthana* ist es vorteilhaft, die Paarungswilligkeit durch eine mehrmonatige

trockenere und kühlere Winterzeit anzuregen. Die Gelege werden bevorzugt in die Blattachseln von Pflanzen oder offene Bambusstäbe gelegt.

Empfohlene Mindestgröße des Terrariums für ein Pärchen: ca. 50 × 50 × 65 cm (L × B × H).

Literatur: LIPP (2002); ANDERS (2008)

Besonderes: Obwohl die Vertreter von *P. lineata* in der Natur zum Teil sehr farbenprächtig sind, muss erwähnt werden, dass die Nachzuchten diese Farbbrillanz nie ganz erreichen. Selbst bei sehr guter Beleuchtung und möglichst häufigen Freilandaufenthalten unter natürlichem Sonnenlicht sind die Farben der Nachzuch-

Phelsuma lineata punctulata
Foto: M. Vences

Phelsuma lineata elanthana
in Antananarivo

ten blasser als bei Tieren in der Natur.

    Besonders wichtig ist bei der Pflege von mehreren *P.-lineata*-Unterarten, dass diese nicht untereinander verpaart wer-den. Sehr wünschenswert wäre ein Import von *P. l. punctulata,* um durch gut dokumentierte Terrarienhaltung mehr Informationen über die Biologie dieser Art zu bekommen.

Phelsuma lineata bombeto-kensis, Männchen im Terrarium

Phelsuma madagascariensis

Unterarten:

Phelsuma madagascariensis madagascariensis
(GRAY, 1831)
Verbreitung: Ost-Madagaskar
Gesamtlänge: bis 240 mm, Eileger

Phelsuma madagascariensis boehmei
MEIER, 1982
Verbreitung: Bisher nur aus der Andasibe-Region in Ost-Madagaskar bekannt
Gesamtlänge: bis 230 mm, Eileger

Lebensraum: Die Vertreter der *P.-madagascariensis*-Gruppe sind alle überwiegend Baumbewohner. Sie leben meist auf Laubbäumen oder auch Palmen und Bananengewächsen. Bis auf *P. m. boehmei*, die überwiegend an großen grobrindigen Urwaldbäumen sowie an *Pandanus* (P. SCHÖNECKER, schriftl. Mittlg.) zu finden ist, kann man diese Taggeckos mitunter auch an oder in Gebäuden finden.
Terrarienhaltung: *Phelsuma m. madagascariensis* ist ein sehr ausdauernder Terrarienpflegling und kann in großen Stückzahlen vermehrt werden. Leider ist es bei dieser Unterart häufig nötig, die Paare aufgrund heftiger innerartlicher Auseinandersetzungen zeitweilig zu trennen. Wegen der recht hohen Vermehrungsrate sind Importe dieser Art nur in Ausnahmefällen zu befürworten, da der Bedarf durchaus mit Nachzuchten abgedeckt werden kann. Die seltene und deutlich schwieriger zu pflegende *P. m. boehmei* bildet hier eine Ausnahme. Aufgrund der Höhenlage ihres Lebensraumes sind bei dieser Unterart bestimmte Voraussetzungen nötig (siehe *P. flavigularis, P. borbonica*). Die Nachzucht bereitet bei harmonierenden Paaren keine Schwierigkeiten. Bei Nachzuchten ist das Geschlechterverhältnis sehr zugunsten der Weibchen verschoben. Beide Unterarten können sehr zutraulich werden und haben eine Lebenserwartung von 20 Jahren und mehr.

Empfohlene Mindestgröße des Terrariums für ein Pärchen: ca. 60 × 60 × 90 cm (L × B × H).
Besonderes: Obwohl RAXWORTHY et al. (2007) *P. m. boehmei* als Juniorsynonym von *P. madagascariensis* ansehen, schließe ich mich hier der Meinung von HALLMANN et al. (2008) an und betrachte diese Unterart weiterhin als valide. Solange genetische Erkenntnisse dies nicht widerlegen, betrachte ich die farblichen und morphologischen Unterschiede zwischen den beiden Formen als ausreichend, um

Phelsuma m. madagascariensis Weibchen, am Cap Est, Madagaskar

Jungtier von *Phelsuma m. madacascariensis*

diese weiterhin als zwei eigenständige Unterarten anzusehen.

Als eine weitere Besonderheit sollte die kleinere Form von *P. madagascariensis* von der Insel Nosy Boraha betrachtet werden. Obwohl bisherige genetische Untersuchungen noch keine klaren Erkenntnisse in Bezug auf eine Abgrenzung von *P. madagascariensis* als Unterart oder sogar eigenständige Art ergeben haben, sollte es unbedingt

vermieden werden, diese Tiere in den Terrarien zu vermischen. Verpaarungen beider Größenformen sind problemlos möglich und können gesunde Nachkommen hervorbringen. Es ist also durchaus möglich, dass es sich bei beiden Formen um *P. madagascariensis* handelt und sich auf der Insel Nosy Boraha eine kleinere Form durch Isolation herausgebildet hat (Berghof 2010). Es wäre schade, wenn diese durch Vermischung wieder verschwindet.

Phelsuma m. boehmei bei Andasibe

Foto: A. Hartig

Phelsuma nigristriata
MEIER, 1984

Verbreitung: Insel Mayotte, Komoren
Gesamtlänge: bis 110 mm, Eileger

Lebensraum: Die Angabe aus der Literatur, *P. nigristriata* komme an Laubbäumen meist in der Nähe von Bachläufen vor, kann nicht bestätigt werden. Im Gegensatz zu den anderen beiden endemischen (nur dort lebenden) Arten von Mayotte findet man *P. nigristriata* meist an den besonnten Waldrändern und den angrenzenden Kulturpflanzen, im Wald selbst nur auf Lichtungsflächen mit Besonnung. Sie bewohnt gerne Agaven, Dracaenen und sonstige kleinwüchsige Vegetation mit Besonnung. Der Lebensraum wird mitunter mit *P. l. laticauda* geteilt.

Terrarienhaltung: *Phelsuma nigristriata* ist leicht zu pflegen und zu vermehren. Die Reproduktionsrate kann sehr hoch sein, dementsprechend muss immer für eine ausreichende Mineralstoffversorgung des Weibchens gesorgt werden. Diese Art sollte warm, aber nicht zu trocken gehalten werden. Ein- bis zweimal am Tag sollte das Becken überbraust werden.

Empfohlene Mindestgröße des Terrariums für ein Pärchen: ca. 50 × 50 × 65 cm (L × B × H).

Literatur: BERGHOF (1997)

Besonderes: Besonders positiv ist bei dieser Art das uneingeschränkt prächtige Farbkleid der Nachzuchten, das sich nicht von dem der freilebenden Tiere unterscheidet. Leider ist das Geschlechterverhältnis der Nachzuchten oftmals zugunsten der Weibchen verschoben. Trotzdem hat sich eine stabile Terrarienpopulation etabliert, sodass der Bedarf aus Nachzuchten gedeckt werden kann. Die natürlichen Bestände sind sehr gering und sollten vor kommerzieller Nutzung geschützt bleiben. *Phelsuma nigristriata* ist ein potenzieller Kulturfolger, hat dort aber Konkurrenz durch *P. laticauda* und wird von dieser wohl aus den geeigneten Lebensräumen verdrängt. *Phelsuma nigristriata* ist wohl die seltenste der auf Mayotte endemischen Phelsumenarten.

Phelsuma ornata
GRAY, 1825

Verbreitung: Insel Mauritius, Maskarenen
Gesamtlänge: Weibchen bis 110 mm, Männchen bis 130 mm, Eikleber

Lebensraum: Diese Art bewohnt bevorzugt die wärmsten und trockensten Gebiete im Küstenbereich von Mauritius sowie einige vorgelagerte Inseln. Zu finden ist *P. ornata* an Büschen, Euphorbiengewächsen, Agaven, Laubbäumen und Palmen, aber auch an Felsen und Steinmauern.

Terrarienhaltung: Wärme- und Helligkeitsbedürfnis dieser Art sind sehr hoch und sollten bei der Haltung berücksichtigt werden. Da die Fortpflanzungsrate sehr hoch sein kann, ist bei den Weibchen unbedingt auf ein ausreichendes Vitamin- und Mineralstoffangebot zu achten. Für die Farbentwicklung sind eine hohe Lichtintensität und der möglichst häufige Aufenthalt unter natürlichem Sonnenlicht von Vorteil.

Empfohlene Mindestgröße des Terrariums für ein Pärchen: ca. 50 × 50 × 65 cm (L × B × H).

Literatur: FÖLLING (1996); KRAUSE (1997); LIPP (2000)

Besonderes: *Phelsuma ornata* ist eine recht flinke Art, die mitunter auch in Gruppen von einem Männchen mit mehreren Weibchen gepflegt werden kann. Die Jungtiere zeigen in den ersten Monaten eine mehr bräunliche Färbung und bekommen erst im Laufe der Entwicklung die typische Farbenpracht. Leider erreichen sie auch bei sehr guter Beleuchtung nicht mehr die Farbintensität in der Natur lebender Exemplare.

Männchen von *Phelsuma ornata* auf Mauritius

Phelsuma ravenala
RAXWORTHY, INGRAM, RABIBISOA & PEARSON, 2007

Verbreitung: Ost-Madagaskar
Gesamtlänge: bis 100 mm, Eikleber

Lebensraum: Die Terra typica für diese Art ist der Ort Mananjary an der Ostküste Madagaskars. Allerdings werden alle Populationen an der Ostküste, inklusive die der Insel Nosy Boraha (Sainte Marie), die vorher *P. dubia* zugerechnet wurden, von RAXWORTHY et al. (2007) der neu beschriebenen Art *P. ravenala* zugeordnet. Die Tiere halten sich bevorzugt an Kokospalmen und auch *Ravenala*-Pflanzen (namensgebend) auf.
Terrarienhaltung: Die Pflege dieser Art entspricht der von *P. dubia*.

Empfohlene Mindestgröße des Terrariums für ein Pärchen: ca. 40 × 40 × 50 cm (L × B × H).
Besonderes: Die Unterscheidung von *P. dubia* ist optisch fast nicht möglich, wenn man mal davon absieht, dass *P. ravenala* etwas zierlicher ist und im natürlichen Lebensraum etwas farbenprächtiger erscheint. Dies gilt aber nur für die Population von der Terra typica, die Tiere der Insel Nosy Boraha unterscheiden sich optisch nicht von denen der Westküste. Die etwas geringere Körpergröße würde auch die Unterschiede in der Pholidose (geringe Schuppenanzahl gegenüber *P. dubia*) erklären. Die Jugendfärbung

Phelsuma ravenala bei Vatomandry, südlich von Toamasina
Foto: U. Hoesch

unterscheidet sich ebenfalls nicht von *P. dubia*. Ob die geringen Unterscheidungsmerkmale tasächlich den Artstatus dieser Art rechtfertigen, müssen weitere Untersuchungen noch ergeben. Auch das von RAXWORTHY et al. 2007 herangezogene sogenannte Nischenmodell ist nicht überzeugend. Ich betrachtet die Abgrenzung von *P. dubia* jedenfalls sehr skeptisch.

Phelsuma ravenala von der Terra typica Mananjary

Phelsuma standingi
METHUEN & HEWITT, 1913

Verbreitung: Südwest-Madagaskar
Gesamtlänge: bis 280 mm, Eileger

Lebensraum: *Phelsuma standingi* bewohnt hohe, meist vereinzelt stehende Bäume (vorzugsweise große Arten von Baobab) und ist nur selten in der Nähe von Siedlungen an Gebäuden zu finden. Das Klima im Lebensraum ist sehr heiß und trocken, allerdings sinken die Temperaturen nachts stark ab, und die Luftfeuchtigkeit steigt auf bis 90 %.

Terrarienhaltung: Diese früher sehr selten gehaltene Phelsume hat sich als problemloser und langlebiger Terrarienpflegling herausgestellt. Auch die Nachzucht bereitet keine Schwierigkeiten. Diese Art ist sehr robust und kann selbst dem Anfänger empfohlen werden. Das Terrarium sollte sehr gut beleuchtet und geräumig sein. Abends ist die Einrichtung mit Wasser zu überbrausen, um einen nächtlichen Anstieg der Luftfeuchtigkeit zu erreichen. Diese Art ist sehr verfressen und neigt daher leicht zur Verfettung.

Empfohlene Mindestgröße des Terrariums für ein Pärchen: ca. 75 × 75 × 110 cm (L × B × H).

Literatur: HALLMANN (1996a); MEIER (1977)

Besonderes: Die Jungtiere sind völlig anders gefärbt als die Adulti. Diese Jugendfärbung bewirkt offenbar, dass sie von den Elterntieren nicht behelligt werden. Auch untereinander vertragen sich die Jungtiere bis zum Erreichen der Geschlechtsreife. Deshalb ist es möglich, die Jungen im Terrarium schlüpfen zu lassen und diese Art in größeren

Spektakulär gefärbte *P. standingi* aus dem Wald von Zombitse, Madagaskar
Foto: A. Hartig

Jungtier von *P. standingi*
aus Zombitse, Madagaskar
Foto: A. Hartig

Familienverbänden zu pflegen. Allerdings werden Jungtiere, die separat in einem In-kubator geschlüpft sind und erst später zu den Elterntieren gesetzt werden, mitunter angegriffen oder sogar gefressen. Gegenüber anderen kleineren oder gleich großen Echsen hat sich *P. standingi* als sehr streit-süchtig erwiesen und sollte daher nicht ver-gesellschaftet werden.

Adulte *P. standingi* aus
Zombitse, Madagaskar
Foto: A. Hartig

Phelsuma sundbergi

Unterarten:

Phelsuma sundbergi sundbergi RENDAHL, 1939
Verbreitung: Östliche Inseln der Inneren Seychellen, Denis und einige Inseln der Amiranten
Gesamtlänge: bis 220 mm, Eileger

Phelsuma sundbergi ladiguensis BÖHME & MEIER, 1981
Verbreitung: Seychelleninsel La Digue und Nachbarinseln
Gesamtlänge: bis 170 mm, Eileger

Phelsuma sundbergi longinsulae RENDAHL, 1939
Verbreitung: Westliche Inseln der Inneren Seychellen, Fregate, Bird, Rémire und Cosmoledo
Gesamtlänge: bis 160 mm, Eileger

Lebensraum: Die drei *P.-sundbergi*-Unterarten leben an Laubbäumen, Palmen und anderen großblättrigen Pflanzen. Sie sind aber auch häufig an und in Gebäuden zu finden. *Phelsuma s. longinsulae* kommt in höheren Lagen im Inselinneren sogar auf Felsen vor. Das Klima der Seychellen ist ganzjährig warm und unterliegt keinen großen jahreszeitlichen Schwankungen.

Terrarienhaltung: Pflege und Vermehrung aller Unterarten bereiten keine besonderen Schwierigkeiten. Die Terrarien sollten am Tage eine Temperatur von etwa 35 °C erreichen, müssen gut beleuchtet und mit einer sehr guten Belüftung versehen sein. Die Temperatur sollte bei dieser Art nachts nicht zu stark absinken. *Phelsuma sundbergi* hat sich als besonders anfällig für sogenannte Knickschwänze erwiesen. Daher ist bei der Aufzucht der Jungtiere immer auf eine ausreichende Mineralstoffversorgung zu sorgen. Auch sollten die Tiere nicht durch zu häufiges Füttern zu schnell großgezogen werden.

Empfohlene Mindestgröße des Terrariums für ein Pärchen: ca. 50 × 50 × 65 cm (L × B × H) bzw. 60 × 60 × 90 cm (für *P. s. sundbergi*).

Phelsuma sundbergi ladiguensis im Lebensraum auf La Digue
Foto: R. Budzinski

Besonderes: Die innerartliche Aggression ist stark ausgeprägt, sodass selbst bei paarweiser Haltung die Tiere oftmals für einige Zeit getrennt werden müssen. Interessanterweise sind es hier oftmals die Weibchen, welche die Männchen attackieren. Dies beginnt meist bei beginnender Trächtigkeit.

Phelsuma sundbergi longin- sulae auf Mahé

Phelsuma sundbergi sund- bergi auf Praslin

Gut zu pflegende, aber wenig nachgezüchtete Arten

Phelsuma comorensis
BOETTGER, 1913

Verbreitung: Grande Comore
Gesamtlänge: bis 120 mm, Eileger

Lebensraum: Dieser Taggecko ist nur aus einem begrenzten Gebiet auf Grande Comore bekannt. Der Lebensraum liegt in den höher gelegenen Regionen und ist deshalb deutlichen Temperaturschwankungen im Tagesverlauf unterworfen. Dies sollte bei der Pflege beachtet werden. Diese Art bevorzugt die glatten Blätter von Bananen- sowie Zuckerrohrpflanzen als Lebensraum.
Terrarienhaltung: *Phelsuma comorensis* ist eine recht wärmebedürftige Phelsume und zeigt nur bei ausreichender Beleuchtung und Tagestemperatur ihre dunkelgrüne Prachtfärbung. Deshalb ist darauf zu achten, dass sich die Geckos tagsüber unter einem Sonnenplatz gut aufwärmen können. Gelege werden nicht am Substrat angeklebt und können bei guten Haltungsbedingungen das ganze Jahr abgesetzt werden. Bevorzugt werden die Eier in Bambusstäbe und in die Blattachseln von Pflanzen gelegt.

Empfohlene Mindestgröße des Terrariums für ein Pärchen: ca. 50 × 50 × 65 cm (L × B × H).

Literatur: GRECKHAMMER (1995a)

Besonderes: Bei flüchtiger Betrachtung sind diese Tiere durchaus mit Unterarten von *P. lineata* und besonders mit *P. dorsivittata* zu verwechseln. Als sicheres Unterscheidungsmerkmal dienen die ungekielten Bauchschuppen von *P. comorensis*.

Phelsuma comorensis auf Grande Comore
Foto: O. Hawitschek

Phelsuma guttata
KAUDERN, 1922

Verbreitung: Nordost- und Ost-Madagaskar
Gesamtlänge: bis 140 mm, Eileger

Lebensraum: Dieser Taggecko kann zu den Kulturflüchtern gezählt werden, denn er ist nur in intakten Regenwaldgebieten an der Ostküste Madagaskars zu finden. Als Lebensraum bevorzugt *P. guttata* sowohl Laubbäume als auch Bananenpflanzen und *Ravenala madagascariensis*. Die von *P. guttata* bewohnten Pflanzen stehen zwar im dichten Regenwald, werden aber wenigstens einmal im Tagesverlauf vom Sonnenlicht erreicht. Das Klima ist feuchtwarm, aber durch Windbewegung nie stickig. Die Tiere wurden auch an größeren Bäumen in Gärten an der Ostküste gefunden. Sie leben sympatrisch mit *P. kely* (SCHÖNECKER, schriftl. Mittlg.).

Terrarienhaltung: Diese Regenwald bewohnende Phelsume ist entgegen weitläufiger Meinung gut im Terrarium haltbar und sehr gut zu vermehren. Es muss während der Reproduktion unbedingt auf ausreichende Kalziumzufuhr bei den Weibchen geachtet werden. Die Reproduktionsrate kann recht hoch sein. Die Gelege werden bevorzugt in Bromelientrichter abgelegt. Die Aufzucht der Jungtiere bereitet kaum Schwierigkeiten, wenn auch hier auf eine gute Versorgung mit Mineralstoffen geachtet wird. Durch feuchten Bodengrund und täglich ein- bis zweimaliges Überbrausen der Terrarieneinrichtung mit Wasser wird die benötigte Luftfeuchtigkeit erreicht. Staunässe ist unbedingt zu vermeiden!

Empfohlene Mindestgröße des Terrariums für ein Pärchen: ca. 50 × 50 × 65 cm (L × B × H).

Literatur: BERGHOF (2003)

Besonderes: Am auffallendsten bei dieser Art ist das überaus zutrauliche und wenig scheue Verhalten. Aber auch die Farbenpracht der Nachzuchten, die durchaus an die Intensität von Wildfängen heranreichen kann, gehört zu den Pluspunkten dieser Geckos. Unbedingt ist darauf zu achten, dass die Jungtiere, aber auch die Adulti, wenigstens einmal in der Woche Fruchtbrei angeboten bekommen. Wird den Tieren nur tierische Nahrung geboten, verweigern sie nicht selten jegliche Futteraufnahme und sterben meist früher oder später. Bei den Jungtieren kann es immer wieder vorkommen, dass es durch versehentliche Aufnahme von Bodensubstrat zum Tod der Tiere kommt. Deshalb empfiehlt es sich, die Aufzuchtbehälter mit Fließpapier auszulegen, bis die Tiere etwa halbwüchsig sind. Die Jungtiere können untereinander recht streitsüchtig sein. Da diese Art noch nicht sehr häufig gepflegt und gezüchtet wird, sollten sich nur Halter mit dieser Art beschäftigen, die *P. guttata* auch langfristig vermehren wollen.

Männliche *Phelsuma guttata*, Masoala-Halbinsel, Madagaskar

Phelsuma hielscheri
Rösler, Obst & Seipp, 2001

Verbreitung: West-Madagaskar, westliches Zentral-Madagaskar

Gesamtlänge: Weibchen bis 150 mm, Männchen bis 170 mm, Eikleber

Lebensraum: *Phelsuma hielscheri* ist von der Gegend um sowie südlich von Morondava bekannt. Sie bewohnt dort die größeren Palmen und Bäume, wurde jedoch auch an den Gebäuden der Einwohner beobachtet. Eine weitere Population lebt im Isalo-Nationalpark. Hier kommen diese Taggeckos bevorzugt an *Pandanus*-Pflanzen vor, die in Gewässernähe stehen. Das Klima in beiden Verbreitungsgebieten ist sehr warm, aber aufgrund der Meeres- bzw. Gewässernähe nicht zu trocken. Die jahreszeitlichen Temperaturschwankungen und auch die Temperaturunterschiede zwischen Tag und Nacht sind in den Höhenlagen des Isalo-Massivs deutlicher als an der Küste.

Terrarienhaltung: Diese Art ist noch recht selten in unseren Terrarien, jedoch sehr gut haltbar, und die Vermehrung bereitet auch keine Schwierigkeiten. Die Becken sollen gut beleuchtet sein, die Tagestemperatur kann 35 °C erreichen. In den Abendstunden ist die Einrichtung zu überbrausen. Die Eier werden meist an Blätter oder in Bambusstangen geklebt. Da das Geschlechterverhältnis meist zugunsten der Weibchen ausfällt, sollten die Gelege bei Temperaturen bis zu 33 °C am Tage und nächtlicher Absenkung auf Zimmertemperatur erbrütet werden. Dadurch kann der Anteil geschlüpfter Männchen gesteigert werden. Auffällig ist bei dieser Art, dass sich die Tiere oft erst im Alter von etwa zwei Jahren fortpflanzen.

    Empfohlene Mindestgröße des Terrariums für ein Pärchen: ca. 50 × 50 × 65 cm (L × B × H).

Literatur: Berghof & Gebhard (2002)

Phelsuma hielscheri, im Lebensraum bei Morondava
Foto: K. Liebel

Besonderes:
Obwohl *P. hielscheri* keine Probleme bei der Terrarienhaltung bereitet, wurde diese Art aufgrund der Seltenheit unter diesen Abschnitt eingestuft. Nach den bisherigen Erfahrungen sollte sich diese Art in den kommenden Jahren in den

Terrarien etablieren können. Noch nicht eindeutig konnte der Status der Tiere aus dem Isalo-Nationalpark geklärt werden. Diese unterscheiden sich geringfügig in Schuppen- und Färbungsmerkmalen von den Tieren aus Morondava, der Terra typica (also dem Fundort des Individuums, anhand dessen die Art beschrieben wurde). Weiterhin wirft die große Entfernung von ca. 300 km zwischen Morondava und dem recht isolierten Fundpunkten im Isalo-Massiv – ohne bisher bekannte Fundpunkte dazwischen – die Frage auf, ob es sich bei den Isalo-Tieren tatsächlich um *P. hielscheri* handelt oder um eine Unterart oder sogar eigenständige Art. Da weitergehende Untersuchungen noch ausstehen, wird die Form aus dem Isalo-Nationalpark bislang noch als *P. hielscheri* eingestuft.

Phelsuma hielscheri im Isalo-Gebirge
Foto: A. Hartig

Phelsuma hoeschi
BERGHOF & TRAUTMANN, 2009

Verbreitung: Ost-Madagaskar
Gesamtlänge: bis 80 mm, Eileger

Lebensraum: *Phelsuma hoeschi* kommt in direkter Küstennähe im feuchtheißen Klima im mittleren Bereich des Ostens von Madagaskar vor. Jahreszeitliche Temperaturunterschiede sowie die Schwankungen zwischen Tages- und Nachttemperaturen sind nicht sehr hoch. Die Tiere wurden hauptsächlich an unterschiedlich großen Exemplaren der Atafana-Bäume gefunden, einer sehr knorrig wachsenden, typischen Tropenbaumart mit größeren festen Blättern und vielen waagerecht wachsenden Astverzweigungen. Aber auch an Weidezäunen und Gebäuden wurden die Geckos gesichtet. Die Art ist bisher nur aus einem recht übersichtlichen Verbreitungsgebiet bekannt. Bei Nachweisen aus höheren Lagen im Landesinneren ist noch nicht eindeutig geklärt, ob es sich tatsächlich um *Phelsuma hoeschi* handelt.

Terrarienhaltung: Die Pflege und Vermehrung dieser sehr kleinen Taggeckos hat sich als nicht schwierig erwiesen. Eine paarweise Haltung, aber auch die Pflege in Gruppen von einem Männchen und 3–5 Weibchen, funktioniert bei dieser Art häufig gut. Die Terrarien sollten sehr gut belüftet und beleuchtet sein. Als Einrichtung dienen einige stark verzweigte und möglichst mit rauer Rinde ausgestattete Äste. Für die Bepflanzung haben sich verschiedene Passionsblumen-Arten gut bewährt.

Empfohlene Mindestgröße des Terrariums für ein Pärchen: ca. 25 × 25 × 35 cm (L × B × H).

Literatur: BERGHOF & TRAUTMANN (2009)

Besonderes: Das wichtigste Unterscheidungsmerkmal zu der sehr ähnlichen *P. pusilla hallmanni* ist der ausgeprägte Geschlechtsdichromatismus. Die Weibchen von *P. hoeschi*

Männchen von *Phelsuma hoeschi*
Foto: U. Hoesch

behalten unter allen Bedingungen immer ihre graubraun gemusterte Färbung bei, wie sie auch von den Jungtieren gezeigt wird. Die Pflege und Zucht ist zudem bei Weiten nicht so problematisch wie bei *P. p. hallmanni*. Leider ist es bisher noch keinem Züchter gelungen, die hübsche Färbung der Männchen bei Nachzuchttieren auch nur annähernd zu erlangen. Die Jungtiere sind sehr klein, bereiten jedoch bei der Aufzucht keine Schwierigkeiten. Das Problem des deutlichen Weibchenüberschusses bei den Nachzuchten wird durch die mögliche Gruppenhaltung wieder wettgemacht.

Paar von *Phelsuma hoeschi*
in der Terra typica
Foto: U. Hoesch

Weibchen von *P. hoeschi* in
der Terra typica
Foto: U. Hoesch

Phelsuma hoeschi ist durchaus auch Einsteigern zu empfehlen, die sich mit eher kleinen Vertretern der Gattung beschäftigen wollen.

Phelsuma mutabilis
GRANDIDIER, 1869

Verbreitung: West- und Süd-Madagaskar sowie westliches Zentral-Madagaskar

Gesamtlänge: bis 110 mm, Eileger

Lebensraum: Diese Art ist in den trockenwarmen Gebieten Madagaskars zu finden. *Phelsuma mutabilis* hat ein sehr großes Verbreitungsgebiet, das sich von West- über Südwest- bis Süd-Madagaskar erstreckt. Auch im südlichen Landesinneren sind diese Taggeckos anzutreffen. Man kann die Tiere sowohl an größeren Laubbäumen als auch an Häusern und Gartenzäunen beobachten.

Terrarienhaltung: *Phelsuma mutabilis* ist ein anspruchsloser Terrarienpflegling, wenn die hohen Temperatur- und Lichtansprüche erfüllt werden. Die Vermehrungsrate ist recht hoch, allerdings bereitet die Aufzucht der juvenilen Geckos mitunter Schwierigkeiten. Wichtig ist, die Jungtiere nicht zu warm und vor allen Dingen nicht zu trocken aufzuziehen. Ein zu häufiges Verfüttern von *Drosophila* an die Jungtiere hat sich als ungünstig erwiesen und führte oftmals zum Verlust der Nachzuchten. Wichtig ist auch eine hochwertige Ernährung (Mineralstoffe) der Weibchen, da es sonst schnell zu Rachitis kommen kann.

Empfohlene Mindestgröße des Terrariums für ein Pärchen: ca. 50 × 50 × 65 cm (L × B × H).

Literatur: TRAUTMANN (1993)

Besonderes: *Phelsuma mutabilis* ist in ihrem sehr großen Verbreitungsgebiets recht variabel im Aussehen, worauf

Phelsuma mutabilis im Isalo-Nationalpark
Foto: P. Schönecker

Phelsuma mutabilis, Männchen bei Soalala
Foto: A. Hartig

auch der wissenschaftliche Artname anspielt. Die dunkleren Zeichnungselemente können unterschiedlich und mehr oder weniger deutlich sein. Die Grundfärbung kann von Hellgrau bis zu fast Bräunlich tendieren. Der türkisblaue Schwanz wird nur bei ausreichender Beleuchtung und Wohlbefinden gezeigt, meist nur von den Männchen.

Neueste wissenschaftliche Untersuchungen an der weitverbreiteten *P. mutabilis* haben zur Beschreibung der Arten *P. borai* und *P. gouldi* geführt. Es ist durchaus vorstellbar, dass noch weitere, bisher unentdeckte Arten innerhalb dieser Art versteckt sind. Obwohl *P. mutabilis* zu den am weitesten verbreiteten Taggeckos auf Madagaskar gehört, wird sie bisher noch recht selten im Terrarium gepflegt.

Weibchen bei Soalala
Foto: A. Hartig

Phelsuma pusilla

Unterarten:

Phelsuma pusilla pusilla MERTENS, 1964
Verbreitung: Ost-Madagaskar
Gesamtlänge: bis 85 mm, Eileger

Phelsuma pusilla hallmanni MEIER, 1989
Verbreitung: Hochland von Ost-Madagaskar
Gesamtlänge: bis 100 mm, Eileger

Lebensraum: *Phelsuma p. pusilla* ist ein recht weit verbreiteter Taggecko. Man trifft ihn an der warmen und regenreichen Ostküste im mittleren Bereich Madagaskars und auf einigen vorgelagerten Inseln. Das Klima ist feuchtwarm und unterliegt keinen starken Temperaturschwankungen zwischen Tag und Nacht sowie auch keinen allzu starken jahreszeitlichen Temperaturwechseln. Die Tiere sind teilweise in erheblichen Stückzahlen an Bananen oder Palmen zu finden. Aber auch an und in Gebäuden halten sich die Geckos auf.

Völlig anders verhält es sich mit *P. p. hallmanni*. Diese Unterart ist bisher nur aus den hoch gelegenen Bergregenwäldern um Andasibe bekannt. Dort kann man die Tiere an großen Bäumen der Primärwälder unter loser Rinde finden. Sie meiden die Nähe menschlicher Siedlungen. Wegen der Höhenlage unterliegt der Lebensraum dieser Art starken jahreszeitlichen Temperaturschwankungen sowie starken Schwankungen zwischen Tag und Nacht. Durch häufige Regenfälle und Nebelbildung ist die Luftfeuchtigkeit recht hoch.

Terrarienhaltung: *Phelsuma p. pusilla* ist eine problemlos zu pflegende und leicht zu vermehrende, schnell zutraulich werdende Phelsume. Wichtig ist bei dieser sehr kleinen Art, ausreichend Mikrofutter für die Aufzucht bereitzuhalten.

Männliche *Phelsuma p. pusilla*, Sambava, Madagaskar

Phelsuma-p.-pusilla-Männc-
hen von Nosy Boraha

Männliche *Phelsuma p.
hallmanni* im Terrarium
Foto: M. Lubojanski

Bei der sehr seltenen *P. p. hallmanni* verhält es sich jedoch ganz anders. Diese Unterart erweist sich bisher als sehr problematisch bei der Nachzucht und auch deutlich anfälliger bei der Pflege. Dies ist auf die klimatischen Bedingungen des im Hochland liegenden Lebensraumes zurückzuführen. Besonders die Weibchen haben sich als sehr hinfällig erwiesen. Zudem ist die erzielte Nachzuchtrate bisher nur sehr gering.

Beide Unterarten sind aufgrund von zum Teil heftigen Auseinandersetzungen zwischen gleichgeschlechtlichen Tieren nur paarweise zu pflegen.

Empfohlene Mindestgröße des Terrariums für ein Pärchen: ca. 40 × 40 × 50 cm (L × B × H). **Besonderes:** Interessant ist die Tatsache, dass bei *P. p. hallmanni* die Jungtiere eine bräunliche Grundfärbung mit kleinen weißen Pünktchen zeigen und damit völlig anders aussehen als die adulten Tiere. Auch die Weibchen unterscheiden sich von den Männchen durch ein dunkleres und nicht so farbenprächtiges

Phelsuma pusilla hallmanni,
Weibchen, im Lebensraum bei
Andasibe

Aussehen. Sie bleiben aber nicht so schlicht grau/braun gefärbt wie die Weibchen der ähnlichen Art *P. hoeschi*. Aufgrund der sehr wenigen Exemplare in Terrarienhaltung und der geringen Erfahrungen mit dieser Unterart sollte *P. p. hallmanni* nur von erfahrenen Pflegern gehalten werden.

Bei *P. p. pusilla* sehen die Jungtiere wie die ausgewachsenen Tiere aus, nur dass die Rotzeichnung noch fehlt. Leider wird auch bei dieser Art die Farbbrillanz der Wildfänge von den Nachzuchten nicht mehr erreicht.

Wildfang-Männchen von
Phelsuma pusilla hallmanni
Foto: G. Hallmann

Phelsuma quadriocellata

Unterarten:

Phelsuma quadriocellata quadriocellata PETERS, 1883
Verbreitung: Zentrales Ost-Madagaskar
Gesamtlänge: bis 110 mm, Eileger

Phelsuma quadriocellata bimaculata KAUDERN, 1922
Verbreitung: Ost-Madagaskar
Gesamtlänge: bis 90 mm, Eileger

Phelsuma quadriocellata lepida KRÜGER, 1993
Verbreitung: Nordost-Madagaskar
Gesamtlänge: bis 125 mm, Eileger

Lebensraum: Alle Unterarten bewohnen die östlichen Bereiche Madagaskars. *Phelsuma q. quadriocellata* und *P. q. lepida* scheinen bevorzugt in den Regenwäldern des Landesinneren und in höheren Lagen vorzukommen, während *P. q. bimaculata* mehr im Küstenbereich und auf vorgelagerten Inseln anzutreffen ist. Bewohnt werden zumeist Bananenpflanzen und Palmen. Aber auch an Gebäuden werden alle Unterarten mehr oder weniger häufig angetroffen. Der Lebensraum von *P. q. bimaculata* ist nicht so starken Temperatur-

Phelsuma quadriocellata
bimaculata bei Tampolo/
Fenoarivo
Foto: A. Hartig

Phelsuma quadriocellata
quadriocellata im Lebensraum
bei Andasibe

Phelsuma quadricocellata bimaculata auf Nosy Boraha

schwankungen ausgesetzt wie der von *P. q. quadriocellata* und *P. q. lepida*. Dies sollte unbedingt bei der Pflege berücksichtigt werden.

Terrarienhaltung: Stellt man die wesentlichen klimatischen Faktoren des Herkunftsgebietes nach, sind alle Unterarten recht gut haltbar. Die Tiere können durchaus sehr produktiv sein, allerdings treten auch immer wieder Schwierigkeiten bei der Vermehrung auf. Alle Unterarten sollten in Terrarien mit recht hoher Luftfeuchtigkeit und nicht zu kühl gepflegt werden. Auf ausreichende Belüftung ist trotzdem unbedingt zu achten. Sehr hilfreich für die Klimawahl ist es, wenn der genaue Herkunftsort bekannt ist. Da *P. quadriocellata* ein recht großes Verbreitungsgebiet hat, kommen die Tiere auch aus unterschiedlichen Klimazonen. Bei zu unterschiedlichen Gebieten kann es durchaus vorkommen, dass zwei Tiere derselben Art

nicht miteinander harmonieren und nie zur Nachzucht gebracht werden können.

Empfohlene Mindestgröße des Terrariums für ein Pärchen: ca. 50 × 50 × 65 cm (L × B × H).

Literatur: Rösler (1980); Schönecker (2006)

Besonderes: Die Nominatform gehörte über viele Jahre zu den am häufigsten importierten Phelsumenarten. Die anderen Unterarten sind nur in geringen Stückzahlen nach Europa gekommen. Von allen Unterarten konnte sich noch keine stabile Terrarienpopulation etablieren. Maßgeblich daran Schuld könnte der hohe Weibchenüberschuss bei den Nachzuchten tragen. Es treten aber auch immer wieder Schwierigkeiten bei der Jungtieraufzucht auf. Aus diesem Grund wurde die Art auch in diesem Abschnitt gestellt. Leider trifft auch für alle *P.-quadriocellata*-Unterarten zu, dass die Nachzuchten nicht die Farbenpracht der Wildtiere erreichen.

Phelsuma quadricocellata lepida (?) auf Nosy Mangabe
Foto: S. Gehring

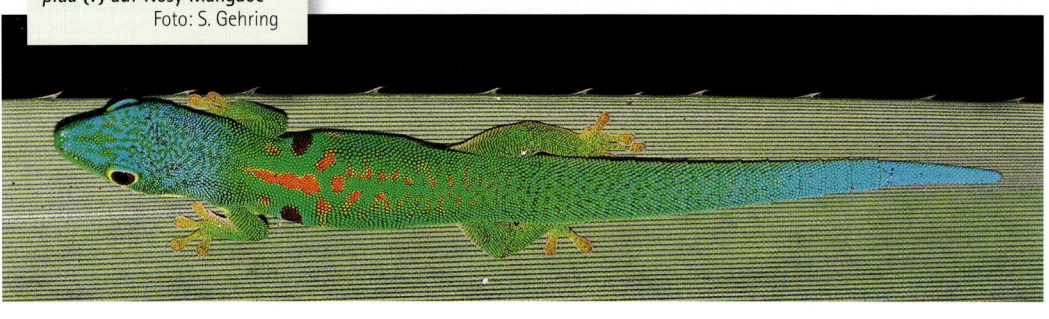

Phelsuma robertmertensi
MEIER, 1980

Verbreitung: Komoreninsel Mayotte
Gesamtlänge: bis 110 mm, Eileger

Lebensraum: *Phelsuma robertmertensi* kann auf der ganzen Insel Mayotte gefunden werden, sowohl in den feuchteren Bergwäldern als auch im extrem trockenen Südosten. Im Mangrovengürtel ist sie die einzige dort lebende Phelsume und somit konkurrenzlos (BUDZINSKI, schriftl. Mittlg.; eigene Beobachtung). Das Klima wird von den zwei tropischen Jahreszeiten – kühlere Trockenzeit (ca. 23–27 °C) und sehr feuchte und heiße Regenzeit (ca. 28–35 °C) – bestimmt. Diese Art ist meist an den dickeren Stämmen von Laubbäumen anzutreffen.

Terrarienhaltung: Obwohl *P. robertmertensi* nicht allzu häufig angeboten wird, ist sie meist problemlos zu halten und zu vermehren. Die sehr zierlichen Jungtiere machen bei der Aufzucht mitunter Probleme.

Empfohlene Mindestgröße des Terrariums für ein Pärchen: ca. 50 × 50 × 65 cm (L × B × H).

Besonderes:
Die wunderschöne Prachtfärbung von *P. robertmertensi* ist nicht so sehr lichtabhängig als vielmehr ein Ausdruck von Wohlbefinden – oder aber Stress. So sollte nicht voreilig der Schluss gezogen werden, dass beständig herrlich gefärbte Tiere auch gesund oder optimal untergebracht sind. Dies zeigt sich häufig auf Reptilienbörsen, wo die Geckos in den Transportdosen meist richtig bunt sind, zu Hause im Terrarium dann aber die

Männchen von *Phelsuma robertmertensi* auf Mayotte

Männliche *Phelsuma ro-
bertmertensi* auf Mayotte

unscheinbarere normale Färbung zeigen. Die
Prachtfärbung wird von gesunden Tieren im
Normalfall nur bei bestimmten Aktivitäten
wie Balzverhalten oder Revier- und Futter-
streitigkeiten gezeigt. Bei dieser Art ist eine
Gruppenhaltung von einem Männchen mit
mehreren Weibchen in vielen Fällen problemlos möglich.

Weibliche *Phelsuma robertmertensi*

Phelsuma parva
MEIER, 1983

Verbreitung: Ost-Madagaskar, Nordwest-Madagaskar

Gesamtlänge: bis 90 mm, Eileger

Lebensraum: Diese Art bewohnt einen großen Bereich an der Ostküste Madagaskars. Seit einiger Zeit ist sie auch von verschiedenen Fundpunkten an der Nordwestküste, von Nosy Bé sowie auch aus dem weiter im Landesinneren liegenden Nationalpark Manangarivo bekannt. Die Geckos von der Ostküste sind ebenfalls mehr im Küstenbereich und auf vorgelagerten Inseln anzutreffen, verschiedentlich aber auch weiter im Landesinneren. Bewohnt werden zumeist Bananenpflanzen und Palmen, aber innerhalb von Ortschaften sind diese Geckos auch an Gebäuden und Zäunen zu beobachten. Der Lebensraum von *P. parva* ist keinen sehr starken Temperaturschwankungen ausgesetzt. Dies sollte unbedingt bei der Pflege berücksichtigt werden.

Terrarienhaltung: Bietet man *P. parva* die benötigten klimatischen Bedingungen, ist sie recht gut und ausdauernd haltbar. Die Tiere können durchaus sehr produktiv sein, allerdings treten auch immer wieder Schwierigkeiten bei der Vermehrung und der Aufzucht der Jungtiere auf. Die Geckos sollten in Terrarien mit recht hoher Luftfeuchtigkeit und nicht zu kühl gepflegt werden. Auf ausreichende Belüftung ist trotzdem unbedingt zu achten.

Empfohlene Mindestgröße des Terrariums für ein Pärchen: ca. 40 × 40 × 50 cm (L × B × H).

Literatur: SCHÖNECKER (2006)

Besonderes: Seit ihrer Beschreibung im Jahr 1983 wurde *P. parva* als Unterart von *P. quadriocellata* geführt. Aufgrund der Ergebnisse neuester genetischer Untersuchungen durch ROCHA et al. (2010) wurde sie in den Artstatus erhoben. Ob die sogenannte Westküsten-Form von

Phelsuma parva in Toamasina
Foto: A. Hartig

P. parva nicht doch eine eigenständige Unterart oder Art darstellt, was verschiedene Anhaltspunkte andeuten, können weitere Nachforschungen hoffentlich in Zukunft klären. Solange sollte aber peinlichst bei der Vermehrung dieser Art darauf geachtet werden, dass sie nicht mit Tieren der Ostküste vermischt wird. Auch bei dieser Art sind die Nachzuchten zwar sehr hübsch, die Farbenpracht der Wildtiere wird aber nicht erreicht.

Phelsuma pasteuri
Meier, 1984

Verbreitung: Komoreninsel Mayotte
Gesamtlänge: bis 100 mm, Eileger

Lebensraum: *Phelsuma pasteuri* kann hauptsächlich im mittleren und nördlichen Teil der Insel Mayotte gefunden werden. Das Klima wird von den zwei tropischen Jahreszeiten – kühlere Trockenzeit (ca. 23–27 °C) und sehr feuchte und heiße Regenzeit (ca. 28–35 °C) – bestimmt. Die Art ist bevorzugt an Sträuchern und Büschen, seltener an größeren Bäumen zu finden. In den meisten Fällen ist sie in und an intakten Waldgebieten zu finden. *Phelsuma pasteuri* lebt in einigen Gebieten sympatrisch mit *P. robertmertensi*, ist aber meist nur vereinzelt, nie in Gruppen anzutreffen.
Terrarienhaltung: Obwohl *Phelsuma pasteuri* nicht allzu häufig angeboten wird, ist sie meist problemlos zu halten und zu vermehren. Das Terrarium sollte gut bepflanzt und keinen allzu großen Temperaturschwankungen zwischen Tag und Nacht ausgesetzt sein. Eine relativ hohe Luftfeuchte bei gleichzeitig guter Belüftung ist für das Wohlbefinden dieser Taggeckos wichtig. Die sehr zierlichen Jungtiere sind Abbilder der Elterntiere, können aber bei der Aufzucht mitunter Probleme bereiten.

Empfohlene Mindestgröße des Terrariums für ein Pärchen: ca. 40 × 40 × 50 cm (L × B × H).

Besonderes: Diese Phelsume wurde zuvor als Unterart von *P. v-nigra* geführt, bevor sie durch Hallmann et al. (2008) in den Artstatus erhoben wurde.

Die Färbung der Nachzuchten erreicht weitestgehend die Wildfärbung, weshalb die Art auch im Terrarium ein besonderer Blickfang ist. *Phelsuma pasteuri* ist nach meinen Erfahrungen ein Kulturflüchter, der meist nur in den stärker bewaldeten Gebieten anzutreffen und wohl die seltenste Phelsume auf Mayotte ist.

Phelsuma pasteuri auf Mayotte

Phelsuma seippi
MEIER, 1987

Verbreitung: Nosy Bé, Nordwest-Madagaskar
Gesamtlänge: bis 150 mm, Eileger

Lebensraum: Bisher waren nur vereinzelte kleine Vorkommensgebiete von *P. seippi* bekannt. Wie aber jüngste Beobachtungen ergaben, ist diese Art auf der Halbinsel Ampasindava recht weitläufig zu finden und dort die am häufigsten anzutreffende Phelsume (VAN HEYGEN 2004). Sie kommt an sowie in Waldgebieten vor und meidet weitestgehend die Nähe von Siedlungen. *Phelsuma seippi* lebt an größeren Laubbäumen sowie auch an *Ravenala*- und Bambuspflanzen.

Terrarienhaltung: *Phelsuma seippi* ist ein empfehlenswerter und gut zu vermehrender Taggecko. Aufgrund des feuchtheißen Lebensraumes sollte ein- bis zweimal täglich das Terrarium überbraust werden. Es darf aber keine Stickluft entstehen. Die Temperaturen können am Tage durchaus bis auf 35 °C ansteigen.

Empfohlene Mindestgröße des Terrariums für ein Pärchen: ca. 50 × 50 × 65 cm (L × B × H).

Besonderes: Die Farbintensität der Nachzuchten unterscheidet sich nur wenig von wild lebenden Tieren. Aufgrund ihres recht kleinen Lebensraumes und der damit verbundenen Seltenheit sollten Pfleger dieser Art besonderen Wert auf erfolgreiche Vermehrungszucht legen.

Eine sehr unangenehme Eigenart von *P. seippi* ist, dass es immer wieder zu aggressivem Verhalten untereinander kommt. Die Art neigt mitunter zu heftigen Beißereien unter den Geschlechtern. Bei anderen Terrarianern (SCHÖNECKER, schriftl. Mittlg.) und auch bei mir kam es vor, dass selbst länger zusammenlebende Paare sich plötzlich regelrecht zerfleischten.

Phelsuma seippi **auf Nosy Bé**
Foto: F. Glaw

Phelsuma v-nigra

Unterarten:

Phelsuma v-nigra v-nigra BOETTGER, 1913
Verbreitung: Komoreninseln Mohéli und Grand Comore
Gesamtlänge: bis 100 mm, Eileger

Phelsuma v-nigra anjouanensis MEIER, 1986
Verbreitung: Komoreninsel Anjouan
Gesamtlänge: bis 100 mm, Eileger

Phelsuma v-nigra comoraegrandensis MEIER, 1986
Verbreitung: Komoreninsel Grand Comore
Gesamtlänge: bis 100 mm, Eileger

Lebensraum: Die Unterarten von *P. v-nigra* sind überwiegend an Bananenstauden und Kokospalmen in Plantagen und Gärten zu finden. Sie besiedeln jedoch auch Büsche und Bäume in natürlichen Feuchtwäldern, Trockenbuschwald sowie verschiedene vom Menschen angelegte Gehölze. Das Inselklima ist feuchtwarm und vom Monsun geprägt, wobei die Regenzeit von November bis April deutlich höhere Niederschläge und Temperaturen mit sich bringt. Auch innerhalb der Inseln sind mitunter deutliche Unterschiede in diesen Parametern festzustellen, abhängig von Höhenlage und Exposition. Alle Unterarten von *P. v-nigra* sind jedoch ganzjährig aktiv und auf allen Inseln flächendeckend bis zu einer Höhe von etwa 900 m ü. NN verbreitet. Sie kommen daher sowohl in besonders heißen und feuchten als auch in vergleichsweise gemäßigten Bereichen vor (O. HAWLITSCHEK, schriftl. Mittlg.).

Terrarienhaltung: Haltung und Vermehrung aller Unterarten bereiten meist keine besonderen Schwierigkeiten. Die Geckos sollten auf keinen Fall zu trocken gehalten werden. Die Aufzucht der Jungtiere hat sich in den ersten Monaten als nicht immer problemlos

Phelsuma v. v-nigra, man beachte die gelbe Kehle ohne V-Zeichnung!
Foto: O. Hawlitschek

erwiesen. Wichtig ist, dass bei den sehr kleinen Nachzuchten immer entsprechend kleine sowie verschiedene Insekten als Futter zur Verfügung stehen und regelmäßig Fruchtbrei angeboten wird.

Empfohlene Mindestgröße des Terrariums für ein Pärchen: ca. 40 × 40 × 50 cm (L × B × H).

Besonderes: Bis auf *P. v-nigra anjouanensis* sind alle anderen Unterarten zwar selten, aber hin und wieder für die Terrarienhaltung verfügbar. Wissenschaftliche Untersuchungen haben gezeigt, dass die drei Unterarten von *P. v-nigra* genetisch klar voneinander abzugrenzen sind (O. HAWLITSCHEK, schriftl. Mittlg.). Gerade die von Grande Comore bekannten und mitunter exportierten *P. v-nigra v-nigra* und *P. v-nigra comoraegrandensis* verpaaren sich jedoch auch untereinander. Eine Zuordnung der Unterarten ist daher meist nur möglich, wenn der genaue Fundort bekannt ist.

Phelsuma v-nigra v-nigra von Mohéli
Foto: O. Hawlitschek

Phelsuma v. v-nigra von Grand Comore
Foto: O. Hawlitschek

Phelsuma v–nigra como-raegrandensis (?) von Grand Comore
Foto: O. Hawlitschek

Phelsuma v–nigra anjoua-nensis von Anjouan
Foto: O. Hawlitschek

Seltene oder schwieriger zu pflegende Arten

Phelsuma andamanense
BLYTH, 1860

Verbreitung: Inseln der Andamanen
Gesamtlänge: bis 140 mm, Eikleber

Lebensraum: Diese Art kommt auf den Andamanen-Inseln vor und ist die am weitesten von Madagaskar entfernt lebende *Phelsuma*-Art. Die Tiere leben auf Bananenpflanzen, Palmen, Sisal- und *Pandanus*-Pflanzen. An Gebäuden sind sie offenbar nicht anzutreffen. Das Klima ist ganzjährig feuchtwarm.

Terrarienhaltung: *Phelsuma andamanense* ist eine recht gut zu vermehrende und zu pflegende Art. Die Nachzuchtrate kann recht beträchtlich sein. Da diese Art recht verfressen ist und daher auch zur Verfettung neigt, sollten die Tiere nicht übermäßig gefüttert werden.

Empfohlene Mindestgröße des Terrariums für ein Pärchen: ca. 50 × 50 × 65 cm (L × B × H).

Besonderes: *Phelsuma andamanense* ist sehr territorial und sollte daher nur paarweise gepflegt werden. Selbst innerartlich sind die Tiere mitunter so aggressiv, dass selbst Paare zwischenzeitlich getrennt werden müssen. *Phelsuma andamanense* ist eine für die Terrarienhaltung sehr empfehlenswerte Art, sollte aber aufgrund ihrer Seltenheit mit der Maßgabe der Erhaltungszucht gepflegt werden.

Männliche *P. andamanense* von den Andamanen
Foto: M. Makovec

Weibliche *P. andamanense* von den Andamanen
Foto: M. Makovec

Phelsuma barbouri
LOVERIDGE, 1942

Verbreitung: Ankaratra- und Andringitra-Gebirge sowie einige Ausläufer dieser Massive in Zentral-Madagaskar
Gesamtlänge: bis 150 mm, Eikleber

Lebensraum: Diese Art bewohnt ausschließlich die oberen Regionen des Ankaratra-Gebirges sowie einige weiter südlich gelegene Felsmassive. Die Tiere sind hier überwiegend an größeren Felsformationen zu finden. Auch an kleineren Gesteinshaufen, die verstreut an den Hängen von Hochgebirgswiesen liegen, kann man *P. barbouri* antreffen. Bedingt durch die Höhenlage (bis zu 2.800 m ü. NN) herrscht ein extremes Klima vor. Tags können die Temperaturen sehr schnell zwischen 10 und bis zu 38 °C wechseln. Durch die intensive Sonneneinstrahlung und häufig auftretende Wolkenformationen, die als Nebel direkt bis in den Lebensraum von *P. barbouri* vordringen, entsteht ein sehr schnell wechselndes Klima

Phelsuma barbouri, ca. vier Wochen alte Jungtiere unterschiedlicher Farbformen

Phelsuma barbouri bei Ambatolampy

von sehr warm zu feuchtkühl. Die Nachttemperaturen können bis an den Gefrierpunkt absinken.

Terrarienhaltung: Diese Art sollte in eher breiten als hohen Terrarien gepflegt werden. Als Kletter- und Versteckmöglichkeiten sind bevorzugt Steinformationen anzubieten. Sandstein hat sich dafür sehr gut bewährt, da dieser Feuchtigkeit gut speichert und die raue sandige Oberfläche sehr gern von diesen Taggeckos angenommen wird. Äste und Pflanzen werden allerdings ebenfalls gern aufgesucht und erweitern den Aktionsradius im Terrarium. Besonders wichtig ist bei *P. barbouri* eine deutliche Absenkung der Temperatur in der Nacht mit gleichzeitigem Ansteigen der Luftfeuchtigkeit.

Empfohlene Mindestgröße des Terrariums für ein Pärchen: ca. 65 × 50 × 40 cm (L × B × H).

Literatur: BERGHOF (1997, 2000, 2009)

Besonderes: *Phelsuma barbouri* nimmt eine Sonderstellung in der Gattung *Phelsuma* ein. Sie gilt als die bislang einzige Art, die ausschließlich felsbewohnend ist. Unter ähnlichen Bedingungen leben nur noch *P. malamakibo* und *P. lineata punctulata*, die allerdings in niedrigeren Lagen auch an Bäumen und Sträuchern zu finden sind. Leider ist *P. barbouri* oft nicht allzu produktiv und auch die Aufzucht der Jungtiere bereitet mitunter Schwierigkeiten.

Wichtig ist, dass den Jungtieren am Tage recht hohe Temperaturen bis zu 35 °C geboten werden, da es sonst zu Verdauungsschwierigkeiten kommen kann, an denen die Tiere verenden.

Phelsuma barbouri im Andringitra-Gebirge
Foto: A. Böhle

Phelsuma barbouri im Ankaratra-Gebirge

Phelsuma borbonica

Unterarten:
Phelsuma borbonica borbonica
MERTENS, 1966
Verbreitung: La Réunion, Maskarenen
Gesamtlänge: bis 160 mm
Eikleber

Phelsuma borbonica agalegae
CHEKE, 1975
Verbreitung: Insel Agalega
Gesamtlänge: bis 170 mm
Eikleber

Lebensraum: Der Lebensraum von *P. b. borbonica* liegt in den meisten Fällen in Höhenlagen oberhalb von 400 m ü. NN. Das Klima dort ist sehr wechselhaft und bedingt durch häufige Regenfälle und Nebelbildung extrem feucht. Die Temperaturen schwanken am Tage zwischen 20 und 30 °C und sinken in den kühlen Nächten bis zu 10 °C ab. Die Tiere sind meist an größeren Laubbäumen zu finden. Einige wenige Populationen sind allerdings auch im Küstenbereich mit deutlich milderem Klima anzutreffen. Eine sehr interessante und wenig bekannte Population kommt bei Dimitile vor, einer Gebirgsgegend im südlichen Teil der Insel in der Nähe des Cirque de Cilaos. Dort sind die Tiere in Höhenlagen von bis zu 2.200 m ü. NN zu finden. Es ist eine Bergregion mit einer aus Büschen bestehenden Vegetation. Das Besondere dieser *P.-borbonica*-Population ist nicht nur die Färbung (welche durchaus an *P. barbouri* erinnert), sondern die Tatsache, dass es sich um Felsbewohner handelt. Die Geckos halten sich zumeist an

Phelsuma b. borbonica vom Basse Vallee
Foto: S Caceres & J.N. Jasmin

sonnenexponierten Felsen auf und nutzen Felsspalten und Gesteinsritzen als Unterschlupf. Sehr selten sind diese Tiere an der Vegetation anzutreffen.

Phelsuma b. agalegae ist nur von der namensgebenden Insel bekannt. Das Klima dort unterscheidet sich deutlich von dem, das im Lebensraum der Nominatform vorherrscht.

Phelsuma borbonica agalegae
Foto: J. Wohlers

Die Temperaturen können auf der sonnendurchfluteten Insel am Tage weit über 30 °C ansteigen und sinken nachts nur wenig ab. Bevorzugt werden Kokospalmen und Laubbäume besiedelt, allerdings sind hier diese Geckos auch an Häusern, Strommasten und Verkehrsschildern anzutreffen.

Terrarienhaltung: *Phelsuma b. borbonica* benötigt zum Wohlbefinden eine deutliche Tag-Nacht-Temperaturschwankung und recht hohe Luftfeuchtigkeit. Die Temperaturen sollten am Tage von 30 °C im oberen Bereich bis 20 °C im unteren Bereich des Terrariums liegen und nachts bis auf 15 °C absinken. Wenn man Tiere aus dem gleichmäßiger temperierten Küstenbereich hat, kommt man mit weniger großen Temperaturschwankungen zurecht.

Phelsuma b. agalegae braucht deutlich höhere Temperaturen und eine nicht so hohe Luftfeuchtigkeit. Erst durch hohe Lichtintensität wird bei beiden Unterarten die ganze mögliche Farbenpracht gezeigt. Aufgrund der innerartlichen Aggressivität kann es

Phelsuma b. borbonica von Sainte Rose

Foto: M. Sanchez

Phelsuma b. borbonica von Dimitile   Foto: M. Sanchez

vorkommen, dass die Paare für einige Zeit getrennt werden müssen.

Empfohlene Mindestgröße des Terrariums für ein Pärchen: ca. 50 × 50 × 65 cm (L × B × H).

Literatur: MEIER (1990)

Besonderes: AUSTIN et al. (2003) stellen die gelbköpfige Megasubspecies *P. borbonica (agalegae) mater* aufgrund der Ergebnisse ihrer genetischen Untersuchungen wieder zu *P. b. borbonica*. Sie betrachten die verschiedenen auf Réunion lebenden Varianten lediglich als Farbformen. Dagegen wiesen HARMON et al. (2008) jedoch durchaus genetische Unterschiede zwischen diesen Formen nach. Ich folge jedoch hier der Auffassung von AUSTIN et al. (2003).

Ein deutliches Erkennungsmerkmal der nur im Süden von Réunion lebenden ehemaligen *P. b. mater* stellen bei dieser Variante die stets blauen Ciliarschuppen um die Augen herum dar (E. v. HEYGEN, mündl. Mittlg.). Der oft zitierte gelbe Kopf hingegen ist auch in anderen Populationen zu finden. Alle in diesem Buch abgebildeten Exemplare dieser Art werden daher als *P. borbonica* und dem dazugehörigen Fundort benannt. Bei der Zucht ist es sinnvoll, darauf zu achten, dass diese Farbformen nicht vermischt werden. Wegen der speziellen Lebensbedingungen von *P. b. borbonica* bzw. der Seltenheit von *P. b. agalegae* sollten diese Geckos nur langfristig und von erfahrenen Phelsumenhaltern gepflegt werden.

Phelsuma b. borbonica von Sainte Denis
Foto: M. Sanchez

Phelsuma breviceps
BOETTGER, 1894

Verbreitung: Süd- und Südwest-Madagaskar
Gesamtlänge: bis 110 mm, Eileger

Lebensraum: *Phelsuma breviceps* bewohnt die Küstenregionen des heißen und trockenen Südens Madagaskars. Aufgrund der Nähe zum Indischen Ozean ist die Luftfeuchtigkeit aber nicht zu niedrig und steigt in der Nacht auf über 95 % an. Es ist immer windig. Diese Art ist fast ausschließlich an dem Wolfsmilchgewächs *Euphorbia stenoclada* zu finden, im Westen Madagaskars aber auch an Sisalpflanzen (GEBHARDT, schriftl. Mittlg.).

Terrarienhaltung: *Phelsuma breviceps* ist gut im Terrarium haltbar, allerdings nicht immer einfach zur Fortpflanzung zu bewegen. Obwohl die Tiere aus dem trockenen und heißen Süden Madagaskars stammen, darf die Luftfeuchtigkeit besonders nachts nicht zu niedrig sein. Diese Art neigt bei zu guter Fütterung sehr schnell zur Verfettung. Im Terrarium benötigen die Geckos, im Gegensatz zu einer manchmal vertretenen Meinung, die Pflanze *Euphorbia stenoclada* nicht zum Wohlbefinden. Dazu müssten im Terrarium große Exemplare von 150 bis 200 cm Höhe mit etwa armdicken Stämmen angeboten werden, da sich *P. breviceps* bevorzugt an den dicken grobrindigen Stämmen aufhält. Nur für die Eiablage nutzen die Weibchen die dornigen und verzweigten Äste. Im Terrarium werden die Gelege oft zwischen Blattachseln, aber auch in die Futtergläser abgelegt. Um diese Art in Fortpflanzungsstimmung zu bringen, ist eine kühle und trockenere Haltungsphase von etwa 2–3 Monaten erforderlich. Da sie noch nicht allzu häufig gepflegt wird, ist sie nur erfahrenen Pflegern zu empfehlen.

Empfohlene Mindestgröße des Terrariums für ein Pärchen: ca. 50 × 50 × 65 cm (L × B × H).

Literatur: BRUSE & TRAUTMANN (1996)

Phelsuma breviceps von Betanty (Faux Cap)

Eigenartig gefärbte *P. breviceps* von Ikonda, südlich von Ambovombé
Foto: T. Hofmann

Besonderes: Eine Besonderheit bei *P. breviceps* ist die sehr verletzliche Haut. Dies führt besonders bei Paarungen manchmal zu recht erheblichen Verletzungen der Weibchen, was mitunter eine vorübergehende Trennung des Paares notwendig macht. Es sollte tunlichst vermieden werden, diese Art mit der Hand zu fangen, da dabei die Haut in großen Stücken, ja sogar fast vollständig abgestreift werden kann. Allerdings heilen auch größere Verletzungen recht schnell wieder ab.

Phelsuma cepediana
(MERREM, 1820)

Verbreitung: Insel Mauritius, Maskarenen
Gesamtlänge: bis 135 mm, Eikleber

Verbreitung: *Phelsuma cepediana* ist auf der gesamten Insel Mauritius an den verschiedensten Baum- und Palmenarten sowie an Bananenpflanzen zu finden. Sie lebt in den regenreichen kühlen Bergwäldern im Inneren der Insel und auch in den wärmeren Küstenbereichen. Eine kleine Population ist durch Verschleppung auf der Insel Rodrigues angesiedelt.

Terrarienhaltung: Im Terrarium ist diese Art recht gut haltbar, bleibt aber meist scheu. Die Weibchen sind recht anfällig. Sie benöti-

Männliche *Phelsuma cepediana* aus der Nähe von Terres Couleurs

Phelsuma cepediana im Hochland des Black-River-Nationalparks

Phelsuma cepediana, Männchen am Fuße des Montagne Bambous

gen besonders in der Reproduktionszeit eine intensive Versorgung mit Mineralstoffen und Vitaminen. Die Aufzucht der Jungtiere ist hingegen meist problemlos.

Empfohlene Mindestgröße des Terrariums für ein Pärchen: ca. 50 × 50 × 65 cm (L × B × H).

Literatur: WIEMER (1994)

Besonderes: Obwohl diese Art früher häufiger gehalten wurde, gilt sie bis heute als heikel. Leider erreichen Nachzuch-ten die intensive Färbung der Wildtiere selbst bei sommerlicher Freilandhaltung kaum. Neuere genetische Untersuchungen (AUSTIN et al. 2003) haben ergeben, dass es wahrscheinlich in absehbarer Zeit innerhalb der auf Mauritius vorkommenden *P. cepediana* zu Aufspaltungen in verschiedene Arten bzw. Unterarten kommen wird. Dies würde auch erklären, dass es *P. cepediana* mit zum Teil stark abweichenden Zeichnungsmerkmalen gibt und dass diese Art auch in sehr unterschiedlichen Biotopen anzutreffen ist.

Weibliche *Phelsuma cepediana*, Montagne Bambous, Mauritius

Phelsuma flavigularis
MERTENS, 1962

Verbreitung: Perinet, Ost-Madagaskar
Gesamtlänge: bis 170 mm, Eikleber

Lebensraum: Dieser Taggecko ist aus der Gegend um Andasibe bekannt. Eine weitere Population mit deutlich größeren Exemplaren soll sich im Südosten von Madagaskar befinden (PRONK, mündl. Mittlg.). Der Lebensraum bei Andasibe liegt etwa bei 900–1.150 m Höhe. Die Tagestemperaturen schwanken jahreszeitlich bedingt zwischen 20 und 32 °C. Im Südwinter können die Nachttemperaturen auf 10 °C absinken. Durch häufige Regenfälle ist es recht feucht. Die recht selten zu findende *P. flavigularis* lebt meist auf hohen Palmen und vereinzelt stehenden *Ravenala madagascariensis* (Baum des Reisenden oder Madagaskarpalme).

Terrarienhaltung: In der Pflege gehört *P. flavigularis* zu den anspruchsvollsten Phelsumen. Die Terrarien sollten luftig sein, aber trotzdem muss die Luftfeuchtigkeit recht hoch

gehalten werden. Aufgrund des Lebensraumes im Hochland Madagaskars sind deutliche Tag-Nacht-Temperaturschwankungen nötig. Eingewöhnte adulte Tiere sind oft recht ausdauernde und zutrauliche Pfleglinge. Eine mehrwöchige kühle und trockenere Haltungszeit ist für die Gesunderhaltung und Nachzucht von *P. flavigularis* unerlässlich. Leider ist oft die Schlupfrate unbefriedigend, und auch die Aufzucht der Jungtiere ist nicht einfach. In diesen Punkten besteht noch viel Erfahrungsbedarf.

Empfohlene Mindestgröße des Terrariums für ein Pärchen: ca. 50 × 50 × 65 cm (L × B × H).

Besonderes: Nur bei sehr guter Beleuchtung, die möglichst nicht direkt von oben, sondern etwas seitlich einfallen sollte, zeigt *P. flavigularis* die typische blau schimmernde Rückenfärbung. Die Tiere neigen bei zu häufiger Fütterung sehr zum Verfetten. Auch neigt diese Art zur Ausbildung extrem großer Kalksäckchen. Aus diesem Grund sollten Mineralstoffe außerhalb der Legeperiode nur recht sparsam zugefüttert werden. Bei Nachzuchten sind bisher leider meist Weibchen geschlüpft. Die Aufzucht gestaltet sich nicht einfach, und häufig kommt es zu unvorhergesehenen Ausfällen.

Phelsuma flavigularis mit stark ausgeprägter Blaufärbung, aufgenommen im Terrarium des Verfassers.

Phelsuma guimbeaui
MERTENS, 1963

Verbreitung: Insel Mauritius, eingebürgert auf Hawaii (Oahu)

Gesamtlänge: Weibchen bis 120mm, Männchen bis 150 mm, Eikleber

Lebensraum: *Phelsuma guimbeaui* lebt bevorzugt auf hohen und schattenreichen Laubbäumen. Diese Art ist vorwiegend in küstennahen Regionen im trockenen und heißen Westen von Mauritius zu finden.

Terrarienhaltung: Dieser Taggecko wird häufiger im Terrarium gehalten, doch ist diese Art eher dem erfahreneren Halter zu empfehlen. Während die männlichen Tiere problemlos zu halten sind, scheinen die Weibchen heikel zu sein, besonders während der Reproduktionsphase. Immer ist auf ausreichende Vitamin- und Mineralstoffversorgung zu achten. Mineralstoffe sind unbedingt regelmäßig anzubieten. Als Klettermöglichkeit sollten Äste mit grober Rindenstruktur verwendet werden, der Bodengrund kann trocken gehalten werden. Die Eier werden bevorzugt in Bambusrohre oder auch an die Terrarienscheiben geklebt. Sehr gern werden von dieser Art auch im Terrarium befestigte Filmdöschen für die Eiablage angenommen. Diese können dann recht problemlos in einen Inkubator überführt werden.

Empfohlene Mindestgröße des Terrariums für ein Pärchen: ca. 50 × 50 × 65 cm (L × B × H).

Literatur: TRAUTMANN (1992b); BUDZINSKI & BUDZINSKI (2009)

Besonderes: Die Jungtiere zeigen eine braune Jugendfärbung und beginnen, abhängig von der Lichtintensität, ab einem Alter von drei Monaten mit der Umfärbung. Die bei den Wildtieren intensiv roten Zeichnungselemente sind bei den Nachzuchten leider nicht mehr so brillant. Durch mehrwöchigen Freilandaufenthalt in den Sommermonaten ist aber eine deutliche Farbintensitätssteigerung möglich. Mitunter tritt bei dieser Art Legenot auf. *Phelsuma guimbeaui* ist aufgrund fortschreitender Lebensraumzerstörung als gefährdet einzustufen.

Phelsuma guimbeaui im Casela Park

Phelsuma inexpectata
MERTENS, 1966

Verbreitung: Insel Réunion, Maskarenen
Gesamtlänge: Weibchen bis 110 mm, Männchen bis 130 mm, Eikleber

Lebensraum: Diese Taggeckos sind nur aus einem sehr begrenzten Küstenabschnitt im Süden der Insel Réunion bekannt. Dort leben sie meist an Schraubenpalmen oder Agaven, aber auch an Bäumen und Gebäuden. Das Klima ist sehr warm und windig.

Terrarienhaltung: Diese Art ist zwar sehr selten, jedoch gut haltbar und wird in jüngerer Zeit von einigen Haltern auch verstärkt nachgezogen. Wichtig ist es, die Weibchen intensiv mit Mineralstoffen und Vitaminen zu versorgen, da sonst sehr schnell Rachitis auftreten kann. Es hat sich bewährt, ein geeignetes Präparat in Fruchtbrei eingerührt einmal wöchentlich anzubieten. Die Eier sind mit bis zu 12 mm Durchmesser verhältnismäßig groß. *Phelsuma inexpectata* benötigt warme, gut beleuchtete Terrarien zum Wohlbefinden.

Empfohlene Mindestgröße des Terrariums für ein Pärchen: ca. 50 × 50 × 65 cm (L × B × H).

Phelsuma inexpectata, Männchen in Manapany les Baines

Literatur: PÜRKEL (2002)

Besonderes: *Phelsuma inexpectata* ist eine oftmals sehr scheue Phelsume, die in Schrecksituationen mit hektischer, scheinbar unkontrollierter Flucht reagiert. Das Fluchtverhalten dieser sehr flinken Art unterscheidet sich von dem anderer Phelsumen durch zickzackartige, recht weite Sprünge. Aufgrund des sehr kleinen Lebensraumes ist diese Phelsume als gefährdet einzustufen. Sie wurde von der „Interessengruppe Phelsuma" in ein Zuchtprogramm aufgenommen und sollte daher von engagierten Züchtern möglichst langfristig gepflegt und vermehrt werden.

Die Tiere sind hier auch auf den Steinen im Uferbereich zu beobachten

Phelsuma modesta

Unterarten:

Phelsuma modesta modesta MERTENS, 1970
Verbreitung: Süd-Madagaskar
Gesamtlänge: bis 100 mm, Eikleber

Phelsuma modesta leiogaster MERTENS, 1973
Verbreitung: Südwest-Madagaskar
Gesamtlänge: bis 110 mm, Eikleber

Lebensraum: *Phelsuma m. modesta* und *P. m. leiogaster* leben im heißen, trockenen und sonnendurchfluteten südlichen Teil Madagaskars. Einige Populationen von *P. m. modesta* bewohnen jedoch die regenreiche Region um Tolagnaro im Südosten Madagaskars. Die Unterarten sind an verschiedensten Baumarten und Büschen sowie an Gebäuden und Zäunen anzutreffen.
Terrarienhaltung: Die beiden Unterarten von *P. modesta* können als recht gut zu pflegende Phelsumen eingestuft werden. Auch die Vermehrung bereitet keine Probleme und kann recht ergiebig sein.

Männchen von *P. m. modesta* aus Isaka-Ivondro
Foto: T. Hofmann

Trotzdem werden von dieser Art nur sehr selten Nachzuchten angeboten.

Um Mangelerscheinungen vorzubeugen, ist unbedingt auf eine ausreichende Mineralstoffzufuhr bei den Weibchen zu achten. Die Terrarien müssen hell und warm sein, damit die typische Färbung gezeigt wird.

Weibchen von *P. m. modesta* aus Isaka-Ivondro
Foto: A. Hartig

Empfohlene Mindestgröße des Terrariums für ein Pärchen: ca. 50 × 50 × 65 cm (L × B × H).

Literatur: HOFMANN (2012); HOFMANN & TRAUTMANN (2012)

Besonderes: Eine Besonderheit dieser Art ist der ausgeprägte Geschlechtsdichromatismus. Bei den weiblichen Tieren ist ein eher schlichtes, bräunlich graues Farbkleid mit teilweise auftretenden kleinen bläulichen Pünktchen zu sehen. Die Männchen dagegen zeigen je nach Unterart, Stimmung und Vorkommensgebiet pastellartige rote, grüne und blaue Farbmuster. Juvenile Tiere sowie auch junge Männchen zeigen die Farbgebung der Weibchen. Bei den Weibchen sowie den Jungtieren kann man aufgrund der Färbung kaum Aussagen treffen, zu welcher Unterart sie gehören, es sei denn, der genaue Herkunftsort ist bekannt. Leider ist es bisher noch nicht gelungen, bei den Nachzuchtmännchen die schöne Zeichnung der freilebenden Tiere zu erreichen. Oftmals sehen die nachgezüchteten Männchen nur geringfügig farbenfroher als die Weibchen aus. Etwas Abhilfe bringt auch hier die Freilandhaltung im Sommer.

Genetische Untersuchungen von ROCHA et al. (2010) gaben Anlass, die Gültigkeit der ehemaligen Unterart *P. modesta isakae* anzuzweifeln. HOFMANN & TRAUTMANN (2012) führten zusätzliche Untersuchungen sowohl im Lebensraum als auch an Museumsmaterial durch. Dabei stellten sie fest, dass in nahezu allen normal gefärbten *modesta*-Populationen auch Tiere mit *isakae*-typischer Färbung vorkommen, weshalb diese besonders schön gefärbten Tiere lediglich als Juniorsynonym von *P. m. modesta* gelten müssen.

Ungewöhnlich gefärbte *P. m. modesta* bei Ambandrika (Sainte-Luce)
Foto: T. Hofmann

Phelsuma modesta leiogaster, **Tulear** Foto: T. Hofmann

Phelsuma serraticauda
MERTENS, 1963

Verbreitung: Ost-Madagaskar
Gesamtlänge: Weibchen bis 130 mm, Männchen bis 160 mm, Eileger

Lebensraum: Phelsuma serraticauda ist von einigen Fundpunkten an der Ostküste Madagaskars, oberhalb von Toamasina, be-

Phelsuma serraticauda bei Manompana
Foto: S. Gehring

kannt. Die Tiere sind fast ausschließlich an großen Kokospalmen zu finden. Das Klima ist feuchtheiß. Es weht ständig ein teils kräftiger Wind.

Terrarienhaltung: Diese Art zählt zu den am schwierigsten zu pflegenden, trotz alledem aber gut zu vermehrenden Arten. Das Problem bei *P. serraticauda* liegt weniger in den klimatischen Bedingungen, als vielmehr in der teilweise beträchtlichen innerartlichen Aggressivität. Deshalb ist anzuraten, die Tiere einzeln zu halten und nur während der Paarungszeit zusammenzusetzen. Besonders anfällig sind die deutlich kleineren und zierlichen Weibchen. Weiterhin ist auch die Jungtieraufzucht nicht ganz unproblematisch. Die Unterbringung der Jungtiere in gut durchlüfteten Ganzgazebehältern scheint ausschlaggebend für eine erfolgreiche Aufzucht zu sein. Leider ist bei den Nachzuchten das Geschlechterverhältnis häufig zuungunsten der Männchen ausgeprägt. Diese Art muss warm (am Tage bis 35 °C) und luftig untergebracht werden. Als sehr vorteilhaft hat sich bei entsprechendem Wetter die Freilandhaltung unter natürlichem Sonnenlicht erwiesen.

Empfohlene Mindestgröße des Terrariums für ein Pärchen: ca. 50 × 50 × 65 cm (L × B × H).

Literatur: BERGHOF (1999)

Besonderes: Die Farbenpracht und der einzigartige breite Schwanz machen *P. serraticauda* zu einer der attraktivsten und auch begehrtesten Arten. Leider gelang jedoch bisher aufgrund der genannten Schwierigkeiten keine kontinuierliche Verbreitung in den Terrarien. Wildfänge haben sich als besonders hinfällig erwiesen, einmal eingewöhnte Tiere oder auch ausgewachsene Nachzuchten sind dagegen sehr ausdauernd in der Pflege. Die Farbenpracht der frei lebenden Tiere wird von den Nachzuchttieren leider nicht ganz gezeigt, kann aber durch Freilandaufenthalte deutlich gesteigert werden.

Sehr seltene oder bisher nicht gepflegte Arten

Da in diesem Buch erstmals über Haltungs- und Zuchterfahrungen mit den Arten *P. kely*, *P. pronki*, *P. malamakibo* und *P. vanheygeni* berichtet werden kann, sind diese Abschnitte etwas ausführlicher ausgefallen.

Phelsuma antanosy
RAXWORTHY & NUSSBAUM, 1993

Verbreitung: Südost-Madagaskar
Gesamtlänge: bis 100 mm, Eileger

Lebensraum: Diese Art wurde bisher nur von drei kleineren Lokalitäten im Südosten Madagaskars nachgewiesen. Eine dieser Populationen soll allerdings durch Lebensraumzerstörung bereits ausgelöscht worden sein. Die Tiere sind meist an *Ravenala*-Palmen oder *Pandanus*-Pflanzen zu finden. Das Klima ist feuchtwarm mit geringer Tag-Nacht-Schwankung.
Terrarienhaltung: Nach Aussage von PRONK (pers. Mittlg.) ist diese Art unproblematisch in der Haltung. Auch die Nachzucht bereitet keine Schwierigkeiten. Die Geckos sollen ähnlich wie *P. laticauda* zu pflegen und zu vermehren sein. Die Jungtiere haben die gleiche Färbung wie die Elterntiere. Allerdings ist auch bei dieser Art zu beobachten, dass die Farbbrillanz der Wildfänge von den Nachzuchten nicht ganz erreicht wird.

Weibliche *Phelsuma antanosy* bei Sainte Luce
Foto: T. Hofmann

Phelsuma antanosy, Männchen bei Sainte Luce
Foto: F. Glaw

Empfohlene Mindestgröße des Terrariums für ein Pärchen: ca. 50 × 50 × 65 cm (L × B × H).

Besonderes: Bisher wurde diese Art offenbar noch nicht nach Europa importiert. In der Natur ist *P. antanosy* sehr stark durch Lebensraumzerstörung bedroht. Aus diesem Grund, und weil die Nachzucht keine großen Schwierigkeiten bereiten soll, wäre es sehr sinnvoll, für *P. antanosy* eine genehmigte Einfuhr bzw. Ausfuhr aus Madagaskar zu bekommen und ein Erhaltungszuchtprogramm zu starten.

Männliche *Phelsuma antanosy*

Foto: G. Trautmann

Phelsuma berghofi
KRÜGER, 1996

Verbreitung: Südost-Madagaskar
Gesamtlänge: bis 120 mm, Eikleber

Lebensraum: Diese Art war bisher nur aus einem sehr begrenzten Gebiet in Küstennähe bekannt. In der Gegend um Somisiky (der Terra typica) sind diese Geckos ausschließlich an der Pflanze *Ravenala madagascariensis* (Baum des Reisenden) gefunden worden. Nach neueren Erkenntnissen lebt diese Art aber auch etwas weiter nördlich innerhalb und in der Nähe von Ortschaften. Dort sind die Tiere an Gebäuden, Bananen- und *Pandanus*-Pflanzen zu beobachten. Hier sind diese Taggeckos deutlich zutraulicher als an der Terra typica, wo sie ein sehr stark ausgeprägtes Fluchtverhalten zeigen (P.S. GEHRING, pers. Mittlg.). Das Klima ist durch tägliche Regenfälle feuchtheiß, aber durch ständigen Wind nicht stickig.
Terrarienhaltung: *Phelsuma berghofi* benötigt warme, gut beleuchtete und belüftete Terrarien. Tägliches Überbrausen der Terrarieneinrichtung mit Wasser ist für die benötigte Luftfeuchtigkeit notwendig. Die Weibchen können sehr produktiv sein und müssen daher nach den Eiablagen mit ausreichend Mineralstoffen und Vitaminen versorgt werden. Die Eiablagen finden meist saisonal im Frühjahr statt, also nicht ganzjährig. Bei dieser Art ist unbedingt darauf zu achten, dass die Luftfeuchtigkeit im Inkubator über 70 % beträgt. Bei zu trockenerer Eizeitigung kommt es häufig vor, dass die Embryonen im Ei austrocknen und absterben.

Empfohlene Mindestgröße des Terrariums für ein Pärchen: ca. 50 × 50 × 65 cm (L × B × H).

Literatur: BERGHOF (2002)

Besonderes: Diese Art wird noch recht selten gepflegt und muss bisher wohl auch in Madagaskar zu den selteneren Phelsumen gezählt

Phelsuma berghofi, Nachzuchttier

werden. Nachdem ich sie im Februar 1996 für die Wissenschaft entdeckt habe, wurde in den Folgejahren von dieser Art nur noch einziges Exemplar – im Jahr 2003 – etwa 50 km nördlich der Terra typica, im Spezial Reserve Manombo, gefunden. Mittlerweile wurde erfreulicherweise bei einer Exkursion im Jahre 2010 von Herrn P. S. Gehring eine recht große Population zwischen den Ortschaften Vangaindrano und Nosy Ombe nachgewiesen (Gehring et al. 2010). Damit scheint es so, als wäre die Art nicht ganz so selten und gefährdet wie anfangs angenommen.

Obwohl alle Terrarientiere auf einen sehr kleinen Zuchtstamm – drei Männchen und zwei Weibchen – zurückzuführen sind, wurde P. berghofi schon in mehreren Generationen nachgezüchtet. Sie ist aber trotzdem nicht zu den einfach zu pfle-genden Arten zu zählen, da es immer wieder Schwierigkeiten bei der Aufzucht gegeben hat. Auch dass das Geschlechterverhältnis bei den Nachzuchten deutlich zugunsten der Weibchen verschoben ist, erschwert eine schnellere Ausbreitung dieser Art in den Terrarien. Trotzdem ist P. berghofi ein Beispiel dafür, dass auch mit recht wenigen Importtieren eine relativ stabile Terrarienpopulation aufgebaut werden kann. In den letzten Jahren ist der Tierbestand dieser Art innerhalb der IG Phelsuma jedoch leider drastisch gesunken, was mit immer häufiger auftretenden Problemen bei der Vermehrung begründet wird. Möglicherweise könnte dies auf degenerative Ursachen aufgrund der geringen Stückzahl der Ausgangstiere zurückzuführen sein. Ein gezielter Import kleiner Stückzahlen wäre daher für die Erhaltung des Terrarienbestandes sehr wünschenswert.

Phelsuma berghofi, Männchen bei Nosy Omby
Foto: S. Gehring

Phelsuma borai
GLAW, KÖHLER & VENCES, 2009

Verbreitung: West-Madagaskar

Gesamtlänge: bis 100 mm
Eiablagetyp unbekannt

Lebensraum: *Phelsuma borai* ist bisher nur von der Lokalität Tsingy de Bemaraha sicher bekannt. Die Tiere leben dort im Trockenwald an Bäumen oder größeren Sträuchern. Möglicherweise sind die Tiere aber auch an den typischen Felsformationen der Tsingys zu finden, was zumindest die Färbung dieser Geckos vermuten lässt.

Terrarienhaltung: Über diese Art liegen noch keine Daten zur Pflege und Vermehrung vor. Es kann leider noch nicht einmal gesagt werden, ob diese Art ihre Eier frei legt oder anklebt.

Besonderes: *Phelsuma borai* ist in der Lage, einen außerordentlich ausgeprägten Farbwechsel zu vollziehen. Es ist durchaus naheliegend, dass diese Art an weiteren geeigneten Lebensräumen im Westen Madagaskars zu finden ist. Insbesondere Beobachtungen in der Trockenwaldregion des Nationalparks Ankarafansika deuten darauf hin. Ebenfalls ist es sehr wahrscheinlich, dass *P. borai* manchenorts mit der ähnlichen Art *P. mutabilis* sympatrisch vorkommt.

Phelsuma boray in Prachtfärbung, Bemaraha
Foto: F. Glaw

Phelsuma boray in Normalfärbung

Foto: F. Glaw

Phelsuma boray in krypti-
scher Färbung

Foto: J. Köhler

Phelsuma gouldi CROTTINI, GEHRING, GLAW, HARRIS, LIMA & VENCES, 2011

Verbreitung: Südost-Madagaskar
Gesamtlänge: bis 110 mm
Eiablagetyp unbekannt

Lebensraum: Der zuletzt neu beschriebene Vertreter der Gattung *Phelsuma* ist in den höheren Lagen des Anja Reserve (Terra typica) zu finden, welches in der Provinz Fianarantsoa im südöstlichen Zentral-Madagaskar liegt. Die Tiere sind meist in der Nähe von Lichtungen oder Waldrändern an großen, gut von der Sonne beschienenen Laubbäumen anzutreffen. Im Anja Reserve sollen die Tiere aber auch vereinzelt an Felsformationen beobachtet worden sein.

Terrarienhaltung: Über diese Art liegen noch keine Daten vor. Da dieser Taggecko *P. mutabilis* recht nahe steht, ist anzunehmen, dass *P. gouldi* ebenfalls ein Eileger ist. Auf-

grund der klimatischen Bedingungen im Lebensraum können wohl für die Pflege dieser Art die Haltungsrichtlinien für *P. mutabilis* aber auch *P. lineata elanthana* angenommen werden.

Besonderes: Diese Art wird in die *P.-mutabilis*-Gruppe gestellt. Die Unterscheidung zur sehr ähnlichen *P. mutabilis* ist zum einen genetisch nachweisbar, aber auch anhand der unterschiedlichen Kehlbeschuppung möglich; die Unterlippenschilde (Infralabiale) sind ab dem dritten Schild horizontal geteilt, was wohl einmalig bei dieser Art ist. Es besteht durchaus die Möglichkeit, dass sich Vertreter dieser Art in unseren Terrarien befinden, bisher aber als *P. mutabilis* angesehen werden. Terrarianer, die *P. mutabilis* pflegen und möglicherweise den Herkunftsort kennen, sollten ihre Tiere gründlich untersuchen.

Phelsuma gouldi im Anja Reserve
Foto: A. Hartig

Phelsuma guentheri
BOULENGER, 1885

Verbreitung: Round Island und Ile aux Aigrettes (Mauritius)

Gesamtlänge: bis 300 mm, Eikleber

Lebensraum: Ein Teil der natürlichen Population lebt als Bodenbewohner auf felsigem Untergrund, während der andere Teil die zumeist endemischen Palmen von Round Island bewohnt. Aufgrund der Schutzmaßnahmen hat sich die Population auf Round Island so gut erholt, dass einige Paare gefangen und auf der Insel Ile aux Aigrettes, die ähnliche Bedingungen aufweist, umgesiedelt wurden. Die Tiere haben sich dort bereits gut etablieren können, was ein sehr gutes Zeichen für den Fortbestand der Art ist. Das Klima ist tropisch feuchtwarm mit ständig wehendem Wind.

Terrarienhaltung: Diese Art wurde unter Obhut und Aufsicht des Jersey Wildlife Preservation Trust über 22 Jahre von ausgewählten Terrarianern und Einrichtungen gehalten und vermehrt. Terrarianer, die im Rahmen dieses Zuchtprogramms *P. guentheri* gepflegt haben, berichten, dass es keine besonderen Schwierigkeiten bei der Pflege und Nachzucht gibt. Allerdings neigten die Tiere sehr zur Verfettung mit einhergehenden Stoffwechselerkrankungen. *Phelsuma guentheri* klebt seine Gelege an den Untergrund, im natürlichen Habitat auch in Hohlräume des Lavagesteins.

Empfohlene Mindestgröße des Terrariums für ein Pärchen: ca. 75 × 75 × 110 cm (L × B × H).

Besonderes: Diese Art ist als einzige Phelsume in die höchste Schutzkategorie des Washingtoner Artenschutz-Abkommens aufgenommen worden. Besonders auffällig ist ihre schlitzförmige Pupille, die auf eine dämmerungsaktive Lebensweise hindeutet. Eine wirklich vitale Terrarienpopulation konnte trotz professioneller Bemühungen nicht aufgebaut werden. Bürokratische Hürden waren mitunter einer der Hauptgründe für das Scheitern des Projektes. Dass eine Arterhaltung durch Terrariennachzucht möglich wäre, zeigt das Beispiel von *P. klemmeri.*

Phelsuma guentheri, Jungtier
Foto: W. Minuth

Weibliche *Phelsuma guen-theri* auf Ile aux Aigrettes

Phelsuma kely
SCHÖNECKER, BACH & GLAW, 2004

Text dieses Abschnitts: Patrick Schönecker

Verbreitung: zentrale Ostküste Madagaskars
Gesamtlänge: bis 71mm, Eileger

Lebensraum: Die Art ist bisher nur aus einem sehr kleinen Verbreitungsgebiet an der zentralen madagassischen Ostküste bekannt. Hier bewohnt sie die den Canal des Pangalanes begleitende Vegetation und Sekundärwälder. Sogar in den dortigen Gärten konnten Tiere nachgewiesen werden. Auffällig ist, dass dicht bewachsene, eher schattige Bereiche gemieden werden. Die Art lebt sympatrisch (im selben Habitat) mit *P. l. lineata* und *P. m. madagascariensis* und syntop (am selben Ort) mit *P. guttata* und *P. parva*. Sie bevorzugt dabei deutlich die Strauchvegetation mit Astdurchmessern von wenigen Zentimetern und

junge Drachenbäume (*Dracaena* sp.). Die Niederschläge in dieser Region sind sehr hoch und können im Jahresdurchschnitt über 3.000 mm erreichen. Die höchsten Werte werden von Januar bis März gemessen. Es regnet dann täglich und ausgiebig. Die Jahresdurchschnittstemperaturen unterliegen mit Werten von 20–26 °C keiner deutlichen Schwankung. Nachts sind Werte unter 18 °C eher selten. Im März stiegen hier die Temperaturen während einer Reise am Tag bis auf 27,4 °C und fielen in der Nacht bis auf 22,6 °C ab. Die Luftfeuchte schwankte dabei zwischen 83 und 88 %. Durch die Meeresnähe herrscht ein stetig wehender Südost-Passat. Durch die auf Madagaskar ständig andauernde Zerstörung natürlicher Lebensräume ist auch diese Region bedroht. Große Bereiche sind hier schon landwirtschaftlich genutzt oder werden zu diesem Zweck abgeholzt oder abgebrannt. Auf den entstehenden Flächen mit *Ravenala madagascariensis* konnten die Tiere nicht mehr

Phelsuma kely
Foto: R. Budzinski

nachgewiesen werden. Generell scheint die Bestandsdichte im Vergleich zu anderen hier vorkommenden Vertretern der Gattung gering zu sein. Die gefundenen Tiere erwiesen sich, im Gegensatz zu im Terrarium gehaltenen Vertretern, als sehr scheu und hatten eine große Fluchtdistanz. Sie sind insbesondere kurz nach Sonnenaufgang und am Nachmittag während intensiver Sonnenbäder zu beobachten und verstecken sich sonst vor der starken Sonneneinstrahlung.

Männliche *Phelsuma kely*
Foto: R. Budzinski

Terrarienhaltung:

Ingesamt sind bisher nur spärliche Erfahrungen zur Haltung im Terrarium bekannt. Durch die geringe Größe bedingt, genügen für die Art auch recht kleine Terrarien. 30 × 30 × 50 cm (L × B × H) können als ausreichend angesehen werden. Als Einrichtung dienen finger- bis daumendicke, glattrindige Äste oder Bambusstäbe, in denen sich die Tiere bei Bedarf auch verstecken können. Die Beleuchtung sollte den Lichtbedürfnissen der Art entgegenkommen und nicht zu schwach ausfallen. Wegen der geringen Größe der Tiere und des Terrariums ist aber unbedingt darauf zu achten, dass eine Überhitzung vermieden wird. Als optimal erwies sich eine Kombination aus mehreren Leuchtstoffröhren

Weibchen *von P. kely* in der Nähe des Bushhauses am Canal de Pangalanes, Ost-Madagaskar
Foto: R. Budzinski

und einem zeitweise zugeschalteten Halogenstrahler. Eine Grundtemperatur von 25–28 °C, die nachts bis auf Zimmertemperatur abfallen kann, wird von den Tieren bevorzugt. Lokal kann die Quecksilbersäule bis auf 38 °C ansteigen. Die im Lebensraum vorhandene hohe Luftfeuchte sollte nicht dazu verleiten, im Terrarium Staunässe entstehen zu lassen, auf die die Tiere äußerst empfindlich reagieren. Vielmehr wird eine trockene Aufenthaltsfläche bevorzugt. Der Bodengrund kann, dem Habitat

Phelsuma kely, Schlüpfling
Foto: P. Schönecker

ähnlich, aus Sand bestehen. Gesprüht wird täglich. Zur Deckung des Flüssigkeitsbedarfs, der gerade bei dieser kleinen Art sehr hoch ist, dient zusätzlich ein Wassernapf. Alle bisher geschlüpften Tiere gehen auf nur ein Elternpaar zurück. In der Natur liegt die Fortpflanzungszeit schwerpunktmäßig in unserem Herbst. Die Geckos können aber problemlos auf den Jahresrhythmus der Nordhalbkugel umgestellt werden. Die Eiablagen beginnen dann – nach einer Phase, in der die Geckos bei etwas kühleren Temperaturen gehalten wurden – im März. Von diesem Zeitpunkt an setzen die Weibchen etwa alle 3–4 Wochen ein Gelege ab, bestehend aus zwei aneinander geklebten Eiern. In Bezug auf Eiablageplätze ist *P. kely* wenig wählerisch. Bisher wurden Bambusröhren, Hohlräume von Korkrückwänden und sogar der Hohlraum, der zwischen manchen Blumentöpfen und Untersetzern entsteht, als Versteck genutzt. Die Eier sind mit einer Größe von durchschnittlich 7,1 × 5,6 mm sehr klein. Bei einer Inkubationstemperatur von 22 °C in der Nacht und 28 °C am Tag schlüpfen die Jungtiere nach 58–60 Tagen. Sie haben eine Kopf-Rumpf-Länge von 13–14 mm und eine Gesamtlänge zwischen 25,4 und 28 mm. Als Erstfutter haben sich frisch geschlüpfte Grillen und Heimchen oder kleine *Drosophila* als geeignet erwiesen. Leider

kommt es immer wieder vor, dass Jungtiere ohne ersichtlichen Grund innerhalb kürzester Zeit sterben. Diese Problematik wird vermutlich durch ihren großen Wasserbedarf hervorgerufen. Sie kann durch eine ständige Versorgung mit einem Trinknapf und mehrmaliges tägliches Sprühen weitgehend vermieden werden. Auch dann darf keine Staunässe entstehen. Weitere Ausfälle traten auffällig häufig nach der Fütterung mit *Drosophila* auf. Die Jungtiere lagen danach auf dem Boden der Terrarien und zeigten starke Zitterkrämpfe. Eine Fütterung mit frisch geschlüpften Heimchen oder Springschwänzen verlief hingegen ohne Auffälligkeiten. Die Jungtiere wachsen bei täglicher Fütterung außerordentlich schnell und können bereits nach sechs Monaten die Geschlechtsreife erreichen. Eine Verpaarung sollte aber in Sinne der Tiere nicht vor einem Jahr geschehen.

Empfohlene Mindestgröße des Terrariums für ein Pärchen: ca. 30 × 30 × 40 cm (L × B × H).

Besonderes: *Phelsuma kely* ist bei Beachtung der Pflegeansprüche eine recht unkompliziert zu haltende Art, die recht einfach zur Fortpflanzung zu bringen ist. Durch die Anfälligkeit der Jungtiere sei dem Anfänger in der Pflege dieser Gattung dennoch erst einige Erfahrung mit der Aufzucht anderer kleinerer Phelsumen empfohlen, bevor er sich mit dieser Art beschäftigt. Im Terrarium zeigt sie sich wenig scheu und wird nach einiger Zeit regelrecht zutraulich. Eine erwähnenswerte Fähigkeit der Art ist der enorme Farbwechsel. Von der kontrastreicheren dunklen Normalfärbung können die Tiere, insbesondere bei Erregung oder während des Sonnenbads, in ein schmutziges Weiß mit eingestreuten kleinen, schwarzen Punkten wechseln. Leider waren die Nachzuchten bei allen Züchtern dieser Art bisher überwiegend weiblichen Geschlechts. Daher ist davon auszugehen, dass diese Art zurzeit kaum oder gar nicht mehr angeboten wird.

Phelsuma malamakibo
NUSSBAUM, RAXWORTHY, RASELIMANANAM & RAMA-NAMANJATO, 2000

Verbreitung: Süd-Madagaskar
Gesamtlänge: bis 140 mm
Vermutlich Eikleber

Lebensraum: Als Lebensraum wird in den niedrigeren Lagen ab 810 m ü. NN Primärregenwald angegeben, der dann in Heide und Grasland übergeht und sich bis auf 1.940 m ü. NN erstreckt. In den unteren Lagen sollen die Geckos bevorzugt auf Bäumen und größeren Büschen leben, in den oberen aber eher in montanen Felshabitaten zu finden sein. Aufgrund der unterschiedlichen Lebensräume ist anzunehmen, dass es sich bei dieser Art um recht anpassungsfähige Tiere handelt.

Terrarienhaltung: Glücklicherweise hat sich *P. malamakibo* als sehr gut zu pflegende neue Art erwiesen. Die recht großen und kompakten Geckos zeigen unter geeigneten Bedingungen ein sattgrünes, teilweise bläulich irisierendes Farbkleid mit einigen rötlichen Zeichnungselementen. Gut beleuchtete und belüftete Terrarien mit einem ausgeprägten Tag-Nacht-Temperaturgefälle sind für ihre Pflege wichtig. Die Temperaturen in der Sommerzeit bewegen sich, abhängig von der Außentemperatur, zwischen 25–35 °C am Tage und 18–23 °C in der Nacht. Um für eine erhöhte Luftfeuchtigkeit in der Nacht zu sorgen, wird das Terrarium in den späten Nachmittagstunden übersprüht. Nach einer kühleren und etwas trockeneren Winterruhe (20–25 °C am Tag und bis zu 14 °C in der Nacht) beginnen die Tiere im Frühjahr bald mit der Fortpflanzung. Pro Pärchen können bis zu fünf Doppelgelege im Jahr produziert werden. Diese wurden bei mir bisher ausschließlich an die Glasscheiben des Terrariums geklebt. Aus Sicherheitsgründen werden die Gelege mit einem Gazedeckel abgedeckt. Eine geregelte Temperatursteuerung bei der Inkubation

Phelsuma malamakibo, fotografiert im Garten des Verfassers

ist bei solch angehefteten Gelegen natürlich nicht möglich, aber wohl auch nicht nötig. Bisher haben sich so gut wie alle Gelege unter den oben genannten Bedingungen gut entwickelt, und die Geckos sind nach ca. 39–70 (!) Tagen problemlos geschlüpft. Nachdem in den ersten beiden Jahren ausschließlich Weibchen schlüpften, wurden die Tiere in neue Terrarien umgesetzt, die direkt am Fenster stehen und komplett aus Gaze bestehen. Unter diesen Bedingungen konnten in den letzten Jahren auch Männchen nachgezüchtet werden. Welche Parameter zur Entwicklung von Männchen führen, kann nicht gesagt werden. Eine höhere Inkubationstemperatur schließe ich aus, da die Terrarientemperaturen sehr der jeweiligen Zimmertemperatur angepasst sind und die Gelege nicht zusätzlich erwärmt werden. Möglich wäre, dass die deutliche Nachtabsenkung der Temperatur eine Rolle spielt. Das Geschlechterverhältnis ist aber weiterhin sehr zugunsten der Weibchen verschoben. Die Aufzucht der Jungtiere bereitet keine Schwierigkei-

ten, sollte aber möglichst einzeln stattfinden, da auch bei noch recht kleinen Tieren schon recht frühzeitig innerartliche Streitigkeiten auftreten.

Empfohlene Mindestgröße des Terrariums für ein Pärchen: ca. 50 × 50 × 65 cm (L × B × H).

Literatur: BERGHOF (2010)

Besonderes: Nach anfänglichen Schwierigkeiten – es gab anfangs keine männlichen Tiere unter den Nachzuchten – ist es nun mit viel Geduld gelungen, einige wenige Paare in den Terrarien zu etablieren. Diese Art eignet sich nur zur Paarhaltung, da sich auch die Weibchen untereinander ausgesprochen aggressiv verhalten. Im Terrarium können diese Geckos sehr zutraulich werden. Die wenigen Pfleger dieser Art sollten unbedingt versuchen, diese attraktive Phelsume weiter zu vermehren und sie nur an wirklich ernsthaft interessierte Pfleger weiterzugeben, damit *P. malamakibo* nicht wieder aus dem Terrarienbestand verschwindet.

Phelsuma malamakibo, aufgenommen im Garten des Verfassers

Phelsuma masohoala
NUSSBAUM & RAXWORTHY, 1994

Verbreitung: Nordost-Madagaskar
Gesamtlänge: bis 120 mm, Eileger

Lebensraum: Diese Art ist bisher nur von einer Lokalität an der Ostküste Madagaskars in Höhe der Masoala-Halbinsel bekannt. Dort herrscht ein windiges, feuchtheißes Klima, geprägt durch häufige Regenfälle. Die Tiere sollen vorwiegend an größeren Bäumen vorkommen. Genauere Angaben sind leider nach wie vor nicht bekannt.

Terrarienhaltung: Auch über diese Art liegen nur sehr wenige Daten zur Haltung und Pflege vor. Da sie eine Ostküstenphelsume sein soll und offenbar auf größeren Bäumen vorkommt, ist bei der Pflege auf ein feuchtwarmes Klima mit guter Belüftung zu achten. Eingewöhnte adulte Tiere bereiten bei der Pflege keine Schwierigkeiten. Es kann jedoch immer wieder zu recht heftigen Streitigkeiten untereinander kommen. Leider ist bisher die Nachzuchtrate sehr gering. So wurden oft keine Eier bzw. nur ein bis zwei Gelege pro Saison abgesetzt. Die Eier wurden bisher immer in offene Bambusröhren gelegt. Die Jungtiere schlüpften je nach Inkubationstemperatur nach 45 bis 65 Tagen. Leider hat sich ergeben, dass bei den wenigen Gelegen nicht alle Jungtiere schlüpften und auch die Aufzucht nicht immer gelingt. Ob dies an der sehr übersichtlichen Anzahl an Zuchttieren liegt oder diese Art besondere Ansprüche an die Pflege stellt kann bisher nicht gesagt werden, da keine genauen Daten über den Lebensraum vorliegen.

Empfohlene Mindestgröße des Terrariums für ein Pärchen: ca. 50 × 50 × 65 cm (L × B × H).

Besonderes: Trotz intensivster Nachforschung durch verschiedene sehr engagierte Wissenschaftler und Hobbyherpetologen

Weibliche *Phelsuma masohoala*

Jungtier von *Phelsuma masohoala*

konnte bisher der genaue Lebensraum dieser Art nicht ausfindig gemacht werden. Ob die Fundortangaben in der Erstbeschreibung tatsächlich stimmen, ist fraglich, da die angegebenen GPS-Daten direkt im Meer vor der Masoala-Halbinsel liegen. Zumindest wurden weite Gebiete in der Masoala-Region und auch andere Bereiche an der Ostküste gründlich – auch mithilfe

Phelsuma masohoala, Pärchen

der örtlichen Bevölkerung – abgesucht. Bisher leider ohne Ergebnisse. Die sehr wenigen Exemplare, die in wissenschaftliche Sammlungen oder Terrarien gelangten, gehen mit Sicherheit auf Zufallsbeifänge zurück und wurden wohl immer als *P. abbotti chekei* eingeführt. Zu dieser Art besteht laut Aussage von GEHRING (mündl. Mittlg.) auch ein sehr enges genetisches Verhältnis.

Phelsuma ocellata
(BOULENGER, 1885)

Verbreitung: nördliches kleines Namaqualand (westliches Südafrika), Richtersfeld (nordwestliches Südafrika) und Südwest-Namibia
Gesamtlänge: bis 70 mm, Eileger

Lebensraum: Diese Art lebt auf und zwischen Felsen und Steinansammlungen und kann somit als bodenbewohnend bezeichnet werden. Es ist nicht auszuschließen, dass sich die Tiere mitunter aber auch an den im Lebensraum vereinzelt vorkommenden Sträuchern und Euphorbien aufhalten, wie schon bei HALLMANN et al. (1997) angemerkt wurde. Alle bekannten Fundpunkte liegen in einem sehr trockenen und regenarmen Gebiet. Allerdings bringen tägliche Morgennebel durch Kondensierung ausreichend Feuchtigkeit in den Lebensraum von *P. ocellata*. Die Tiere halten sich die meiste Zeit in Gesteinspalten auf und verlassen diese meist nur kurz, um sich durch Sonnenbäder auf Vorzugstemperatur zu bringen. Diese Art ist meist in größeren Familienverbänden anzutreffen.

Terrarienhaltung: Aufgrund ihrer Größe können diese Taggeckos in recht kleinen Behältern gepflegt werden. Als Einrichtung sollten mehrere Steinplatten so aufgeschichtet werden, dass die Tiere dazwischen genügend Versteckplätze finden können. Die Gelege werden zwischen oder unter die Steinplatten gelegt. Die Aufzucht der recht kleinen Jungtiere sollte einzeln erfolgen. Das Terrarium sollte weitestgehend trocken gehalten werden, nur in den späten Abendstunden muss die Einrichtung etwas überbraust werden. Diese Art wird zurzeit nicht oder nur sehr selten gepflegt.

Empfohlene Mindestgröße des Terrariums für ein Pärchen: ca. 25 × 25 × 40 cm (L × B × H).

Besonderes: *Phelsuma ocellata* hat im Hinblick auf ihre systematische Stellung eine bewegte Geschichte hinter sich. Die Art wurde von BOULENGER 1885 als *Rhoptropus ocellatus* beschrieben, später jedoch von SCHMIDT (1933) in die Gattung *Phelsuma* gestellt. HEWITT (1937) schuf für dieses Taxon dann die neue Gattung *Rhoptropella*, die nur die Art *Rhoptropella ocellata* enthielt. RUSSEL (1977) ordnete *ocellata* er-

Phelsuma ocellata im Habitat in Südafrika
Foto: M. Barts

Frisch geschlüpftes Jungtier
Foto: F. Colacicco

Junges Weibchen von _P. ocellata_
Foto: F. Colacicco

neut der Gattung _Phelsuma_ zu, während RÖLL (1999) die Art wieder zu _Rhoptropella_ stellte. Zwar zweifelten BAUER & BRANCH (2003) an der Richtigkeit dieser Zuordnung, genetische Untersuchungen von AUSTIN et al. (2004) sowie ROCHA et al. (2010) bestätigten diese jedoch vorerst. Die Ergebnisse der Untersuchungen von BAUER (mündl. Mittlg.) machen es nun jedoch erforderlich, diese Geckos doch wieder der Gattung _Phelsuma_ zuzuordnen. Aus diesem Grunde habe ich mir erlaubt, diesen Taggecko wieder in einem Buch über die Gattung _Phelsuma_ aufzunehmen. Es bleibt jedoch abzuwarten, wo die „Reise" von _Phelsuma ocellata_ noch hingeht.

Phelsuma parkeri
LOVERIDGE, 1941

Verbreitung: Insel Pemba vor Ostafrika
Gesamtlänge: bis 160 mm, Eileger

Lebensraum: Das Klima auf Pemba ist feucht-warm und unterliegt keinen großen jahreszeitlichen Schwankungen. Die Tagestemperaturen betragen tagsüber 30–35 °C, nachts fallen die Werte kaum unter 20 °C. *Phelsuma parkeri* bevorzugt Palmen, ist aber auch an Gebäuden anzutreffen.

Terrarienhaltung: Diese Art – besonders Wildfänge – hat sich als sehr heikel und hinfällig erwiesen. Nachzuchten bereiten dagegen meist keinerlei Schwierigkeiten. Einmal eingewöhnt, ist *P. parkeri* jedoch ein recht ausdauernder Terrarienpflegling. Das Terrarium sollte gut beleuchtet und warm (bis etwa 35 °C) sein. Durch gute Belüftung und tägliches Sprühen wird das Inselklima nachempfunden. Diese Art benötigt keine deutliche Nachtabsenkung und auch keine kühlere Haltungsphase im Winter. Die Gelege werden bevorzugt in Blattachseln abgesetzt. Die Vermehrungsrate ist meist nicht sehr hoch. Die Jungtiere sind recht heikel und sollten einzeln aufgezogen werden.

Empfohlene Mindestgröße des Terrariums für ein Pärchen: ca. 50 × 50 × 65 cm (L × B × H).

Besonderes: Die verbreitete Meinung, dass diese selten gepflegte Art sehr scheu, flink und dazu noch stressanfällig sei, ist so nicht richtig. „Ich kenne keine Phelsume, die eine so geringe Fluchtdistanz hat wie *P. parkeri*! Auch von Stressanfälligkeit würde ich nicht sprechen. Mir ist noch kein Todesfall o. Ä. durch Stresseinwirkung bekannt. Erwähnenswert sind lediglich die enorme Fluchtgeschwindigkeit und die unkontrollierten Bewegungen, die eine flüchtende *P. parkeri* nur schwer berechenbar machen. Viele Ausfälle bei Terrarianern waren wohl auf entlaufene und nicht wiedergefundene Tiere zurückzuführen" (SCHÖNECKER, schriftl. Mittlg.).

Phelsuma parkeri im Lebensraum auf Pemba
Foto: K. Liebel

Phelsuma pronki
SEIPP, 1994

Verbreitung: Zentral-Madagaskar
Gesamtlänge: bis 110 mm, Eileger

Lebensraum: Genaue Angaben zum Lebensraum liegen zurzeit nicht vor. Nach Aussage eines madagassischen Fängers ist *P. pronki* im Hochland in der Nähe von Moramanga zu finden. Dort sollen die Tiere weniger auf größeren Bäumen als vielmehr an kleinen, meist abgestorbenen Bäumen und Sträuchern leben. Diese Bäumen sollen sich durch grobe, sich teilweise ablösende Rinde auszeichnen, auf der die Geckos sich aufhalten und unter die sie sich gerne zurückziehen.

Terrarienhaltung: Über die hübsche und meist zutrauliche *P. pronki* ist bisher noch sehr wenig bekannt und nur wenig veröffentlicht worden. Die Tiere zeigen ein sehr neugieriges Verhalten. Die Tagestemperaturen sollten im Sommer nicht unter 30 °C liegen und können lokal sogar 35 °C erreichen. Bei dauerhaft niedrigeren Temperaturen leben die Geckos sehr zurückgezogen und fressen schlecht. Nachts ist eine deutliche Temperaturabsenkung günstig. Die Tiere zeigen dann nur eine dunkelgraue Grundfarbe mit verwaschener Zeichnung. Die gelbe Kopfzeichnung verschwindet dann fast ganz. Sobald die Tiere ihre Vorzugstemperatur erreicht haben, zeigen sie die schöne kontrastreiche Färbung und die leuchtend gelbe Kopffarbe. Eine kühlere und trockenere Haltungsphase von 2–3 Monaten im Winter ist unbedingt zu empfehlen. In den Abendstunden muss das Terrarium mit Wasser überbraust werden, um eine höhere Luftfeuchtigkeit in der Nacht zu erreichen. Die Tiere fressen Fruchtbrei und die für Phelsumen typische Insektennahrung. Außerhalb der Reproduktionszeit sollte sparsam mit der Gabe von Mineralstoffen umgegangen werden, da diese Art zur Ausbildung großer Kalksäckchen neigt. Für die Terrarieneinrichtung

Phelsuma pronki, Nachzuchttier

sind möglichst grobrindige Äste und Korkstücke zu verwenden. Zur Bepflanzung sind Sansevierien, *Ficus* und Bromeliengewächse geeignet. Zum Verstecken und auch als Eiablageplatz sollten 1–2 Bambusstäbe nicht fehlen. Bisher konnte diese Art nur sporadisch

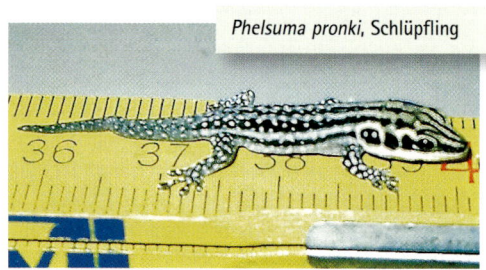

Phelsuma pronki, Schlüpfling

zur Eiablage gebracht werden. Die Jungtiere schlüpfen problemlos und sind schon recht kräftig. Die Färbung der Schlüpflinge gleicht vom ersten Tag an den Elterntieren. Die Jungtiere sind anfangs recht scheu und hektisch, was sich jedoch nach einiger Zeit legt. Bei der Aufzucht ist es immer wieder zu Ausfällen gekommen. Auch hier ist es wichtig, die Jungtiere recht warm unterzubringen. Unbedingt ist auf ständig angebotenes Trinkwasser zu achten, außerdem sollten die Aufzuchtbehälter täglich zweimal überbaust werden, damit die kleinen Geckos nicht dehydrieren. Nach bisherigen Beobachtungen muss gesagt werden, dass die Jungtiere in der Aufzucht recht heikel sind, was über die Pflege ausgewachsener Tiere nicht behauptet werden kann.

Empfohlene Mindestgröße des Terrariums für ein Pärchen: ca. 50 × 50 × 65 cm (L × B × H).

Besonderes: Bisher wurden von dieser Art nur wenige Exemplare gefunden. Dass doch hin und wieder Tiere auftauchen, lässt vermuten, dass der eigentliche Lebensraum noch nicht entdeckt wurde oder die Tiere sehr versteckt leben.

Phelsuma pronki

Phelsuma pronki

Phelsuma roesleri
GLAW, GEHRING, KÖHLER, FRANZEN & VENCES, 2010

Verbreitung: Nord-Madagaskar
Gesamtlänge: bis 80 mm
Eiablagetyp unbekannt

Lebensraum: Die erst kürzlich beschriebene *P. roesleri* ist im Nordwesten von Madagaskar im Ankarana Special Reserve und der angrenzenden Umgebung zu finden. Die Tiere leben dort meist an *Pandanus*-Pflanzen, die ihnen beste Versteck- und Schutzmöglichkeiten bieten. Das Klima ist in den Sommermonaten sehr heiß und feucht. Im Südwinter ist ein spürbarer Temperaturrückgang in Verbindung mit meist trockenem Wetter zu verzeichnen.
Terrarienhaltung: Über *P. roesleri* liegen noch keine Daten zur Haltung und Pflege vor. Da diese Art *P. laticauda* recht nahesteht, ist anzunehmen, dass sie ebenfalls ein Eileger ist. Aufgrund der klimatischen Bedingungen im Lebensraum können wohl für ihre Pflege die Haltungsrichtlinien für *P. laticauda* oder *P. pusilla* angenommen werden.

Besonderes: Diese Phelsume wird in die *P.-laticauda*-Gruppe gestellt und ist der kleinste Vertreter innerhalb dieser Gruppe. Diese wunderschön gefärbten Taggeckos können ihre Färbung unter Stress oder anderem Unwohlsein deutlich abdunkeln, wie es auch von den anderen Vertretern dieser Gruppe bekannt ist.

Phelsuma roesleri im Ankarana-Nationalpark
Foto: A. Hartig

Phelsuma rosagularis
VINSON & VINSON, 1969

Verbreitung: Insel Mauritius, Maskarenen
Gesamtlänge: Weibchen bis 120mm, Männchen bis 170 mm, Eikleber

Lebensraum: Die kleinen Restregenwaldgebiete, in denen *P. rosagularis* lebt, sind die kühlsten und feuchtesten Regionen von Mauritius. Im Februar können die Temperaturen am Tag auf bis zu 30 °C steigen, im Juli erreichen sie meist nur Werte um die 20 °C. Nachts sinken die Temperaturen in der kalten Jahreszeit auf bis 9 °C ab. Es regnet täglich, meist nachts. Wegen der Höhenlage auf der kleinen Insel ist es ständig windig. Daher sind diese Geckos nur während der kurzen Sonnenperioden in ihrem Lebensraum zu beobachten. Die meiste Zeit verbringen sie zurückgezogen in ihren Verstecken. Offenbar ist *P. rosagularis* an bestimmte grobrindige Laubbäume gebunden, da sie bisher nur auf solchen nachgewiesen wurden.

Männchen von *P. rosagularis* im Black-River-Nationalpark, Mauritius

Terrarienhaltung: Wenn dieser Art im Terrarium annähernd die benötigten klimatischen Bedingungen geboten werden, ist sie gut haltbar. Auch die Nachzucht gelang in letzter Zeit bei einigen Züchtern vermehrt. Die Terrarien sollten mehrmals täglich überbraust werden und nachts deutlich abkühlen können. Unbedingt ist auch bei dieser Art auf eine gute Belüftung zu achten.

Empfohlene Mindestgröße des Terrariums für ein Pärchen: ca. 50 × 50 × 65 cm (L × B × H).

Besonderes: Diese Phelsume wurde lange Zeit als Unterart von *P. guimbeaui* geführt. Obwohl sich beide Arten in puncto Färbung und Zeichnungselemente – sogar in der Jugendfärbung – sehr ähneln, haben neueste Untersuchungen (AUSTIN et al. 2004) ergeben, dass *P. rosagularis* als eigenständige Art betrachtet werden muss, die ihren nächsten Verwandten in *P. guentheri* hat.

Jungtier von *Phelsuma rosagularis* im Lebensraum auf Mauritius
Foto: K. Liebel

Pärchen von *P. rosagularis*
im Black-River-National-
park, Mauritius

Phelsuma vanheygeni
LERNER, 2004

Verbreitung: Nordwest-Madagaskar
Gesamtlänge: bis 80 mm, Eikleber

Lebensraum: Diese Phelsume ist derzeit nur aus einem größeren Gebiet von drei Fundorten nachgewiesen, die 11 km und 30 km (Luftlinie) auseinanderliegen. Bei allen Fundorten besteht die Vegetation aus eher lichten, jungen Bambuswäldern an Bergflanken. Die Tiere bewohnen dort bevorzugt die armdicken, bis zu 8 m langen Bambustriebe. Bereits abgestorbene Bambusstangen werden eher gemieden. Durch Habitus und Färbung ist *P. vanheygeni* optimal an das Blattwerk im Geäst der Knotenpunkte der frischen Bambustriebe angepasst und verschwindet bei Störung blitzschnell. Das Klima ist tropisch feuchtheiß. Erwähnenswert ist die starke Nebelbildung in den frühen Morgenstunden, die durch die nächtliche Abkühlung entsteht und in den Tälern zu beobachten ist. Sie führt dazu, dass die Pflanzen durch Taubildung für einige Stunden tropfnass sind.

Terrarienhaltung: *Phelsuma vanheygeni* erweist sich bisher als recht unkomplizierter Pflegling. Die Temperaturen im Terrarium sollten am Tage 30–34 °C erreichen und nachts etwas absinken. Wichtig ist ein Überbrausen der Einrichtung am Abend und am Morgen, bei gleichzeitiger guter Belüftung, damit keine Staunässe entsteht. Als Klettermöglichkeit sollte möglichst lebender Bambus oder aber grüne Bambusstäbe verwendet werden. Bambusstäbe sind mit feinblättrigen Kunststoffpflanzen so zu kombinieren, dass den Geckos genügend Versteckmöglichkeiten geboten werden.

Die Nachzucht hat sich bei dieser Art als recht unkompliziert erwiesen. Die Gelege wurden meistens in das Innere von Bambusröhren, seltener an die Terrarienscheiben geklebt.

Phelsuma vanheygeni im Lebensraum
Foto: E. van Heygen

Schlüpfling von *Phelsuma vanheygeni*
Foto: E. van Heygen

Die Jungtiere schlüpfen bei etwa 27 °C schon nach 25 Tagen. Die Gesamtlänge der Schlüpflinge betrug 24–25 mm. Die Jungtierfärbung weicht stark von der Färbung der Elterntiere ab. Die Aufzucht erwies sich mitunter leider als problematisch. Offenbar muss bei diesen sehr kleinen Schlüpflingen genau darauf geachtet werden, dass sie nicht dehydrieren und immer ausreichend abwechslungsreiches Mikrofutter sowie regelmäßig Fruchtbrei geboten werden kann. Auch bei dieser Art werden mehr Weibchen als Männchen nachgezüchtet.

Empfohlene Mindestgröße des Terrariums für ein Pärchen: ca. 30 × 30 × 45 cm (L × B × H).

Besonderes: Die Haut dieser Art ist sehr empfindlich und verletzlich, ähnlich wie bei *P. breviceps*. Bei Stress können sich die Tiere sehr stark abdunkeln. Zuversichtlich für den Fortbestand von *P. vanheygeni* sowie auch der sympatrisch vorkommenden *P. klemmeri* und *P. seippi* macht die Tatsache, dass der als Lebensraum dienende Bambus als Sekundärvegetation die brachliegenden Bergreisfelder überwächst und sich somit in dieser Region weiter ausbreitet. Daher erscheinen diese Arten in der Region als durch den Menschen nicht gefährdet.

Als ausgestorben oder verschollen geltende Arten

Phelsuma erdwardnewtoni
BOULENGER, 1884

Verbreitung: Rodrigues, Maskarenen und vorgelagerte Inseln **Gesamtlänge:** bis 270 mm

Lebensraum: Diese Art soll auf Palmen sowie an und in Gebäuden der Einwohner gelebt haben. Auf vorgelagerten kleinen Inseln lebten diese Geckos vermutlich an den größeren Bäumen der Wälder. Alle Aufzeichnungen über diese Geckos auf Rodrigues enden im Jahr 1795. Ausgestorben sind diese Geckos auf der Hauptinsel wahrscheinlich bis etwa 1874. Die beiden letzten lebenden Exemplare wurde 1917 beobachtete und gefangen und kamen entweder von der vorgelagerten Insel Ile Fregate (WINTERS, 2011) oder warscheinlicher von der Ile aux Fous (COLE schriftl. Mittg.).

Besonderes: Die Lebendfärbung soll Hellgrün mit mehreren hellblauen Flecken gewesen sein. Die vermutlich rötliche Zeichnung am Kopf und auf der Kopfoberseite ging in eine mehr oder weniger stark ausgeprägte, nach hinten abnehmende Sprenkelung über. Historische Aufzeichnungen besagen auch das diese Art ein sehr schnelles und stakes Abdunkeln der Färbung vollziehen konnte. Wie Präparate zeigen, konnte es aber auch zu deutlichen Abweichungen bei der Körperfärbung kommen. Die Kehle von *P. edwardnewtoni* ist gelb (WINTERS, 2011). Zu erkennen ist bei allen bekannten Präparaten, dass es sich bei dieser Art um eine sehr kräftige und gedrungen wirkende Art handelt.

Alkoholpräparat von
Phelsuma edwardnewtoni
Foto: F. Höhler

Diese nach historischen Aufzeichnungen angefertigte Abbildung aus dem Museum im „Francois Leguat Giant Tortoise & Cave Reserve" zeigt wie farbenprächtig *P. edwardnewtoni* wohl gewesen ist.

Phelsuma gigas
(LIENARD, 1842)

Verbreitung: Rodrigues, Maskarenen und vorgelagerte Inseln

Gesamtlänge: Soll bis 530 mm erreicht haben

Lebensraum: Nach überlieferten Angaben sollen diese großen Taggeckos überwiegend Felsen aber auch größere Bäume als Lebensraum bevorzugt haben. Die Tiere sollen sich tagsüber zwischen Steinen und Felsen aufgehalten haben.

Besonderes: *Phelsuma gigas* soll sehr versteckt gelebt haben und vor allen Dingen weitestgehend nachtaktiv gewesen sein. Die Färbung wird mit „grau mit schwarzen Flecken" angegeben, was der-

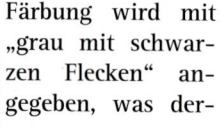
Der Größenvergleich mit dem Model zeigt was für ein beeindruckend großer Gecko *P. gigas* gewesen ist.
Foto: P. Krause

Detail- und maßstabsgetreue Bronzestatue von *P. gigas* aus dem Museum der Ile aux Aigrettes

jenigen von *P. guentheri* nahekommt. Auch fanden sich – wie bei *P. guentheri* – längsgestreifte Schwanzregenrate. Die Unterseite soll gelblich gewesen sein. Die Größenangaben liegen zwischen 279 und 530 mm Gesamtlänge. Historische Aufzeichnungen besagen das diese Geckos Fruchtfresser waren aber auch Bäume erklommen haben um Seevögel zu erbeuten oder deren Eier zu fressen. Vermutlich ist diese Art seit 1761 auf der Hauptinsel ausgestorben. Sie konnte aber auf der Ile Fregate noch einige Jahre überleben, aber auch hier war die letzte Beobachtung im Jahr 1841. Es wird vermutet das eingeschleppte Ratten die letzte Population ausgelöscht hat (WINTERS, 2011). Nach Tagebuchaufzeichnungen von LEGUAT (1708) und LIENARD (1842) hatten diese Geckos die für Phelsumen typischen, reduzierten inneren Zehen. Vermutlich ähnelte *P. gigas* im Leben einer riesigen *P. guentheri*.

Noch nicht beschriebene oder nicht sicher einzuordnende Formen

Wie kurzlebig die Systematik bei einer Monografie über die Gattung *Phelsuma* ist, zeigen die vielen systematischen und nomenklatorischen Änderungen, die seit der umfassenden Bearbeitung der Gattung durch Hallmann et al. (2008) in kürzester Zeit eingetreten sind. Auch dem vorliegenden Buch wird dieses Schicksal nicht erspart bleiben, da trotz weitreichender Umweltzerstörung immer noch Arten und Unterarten entdeckt werden und auch in der derzeitig gültigen Nomenklatur der Gattung *Phelsuma* noch Änderungen zu erwarten sind. Als Beleg werden im Anschluss einige Formen der Gattung *Phelsuma* vorgestellt, die zurzeit noch nicht sicher einzuordnen sind.

Phelsuma cf. *parva*

Verbreitung: Südost-Madagaskar
Gesamtlänge: bis 100 mm, Eileger?

Lebensraum: Diese Tiere wurden in einem sehr kleinen Restregenwaldstück bei Befasy gefunden (Hallmann et al. 1997). Um dieses Waldstück befand sich weitläufig nur noch durch Abholzung entstandenes Steppengebiet. Die Tiere wurden ausschließlich im Waldesinneren an schattig stehenden *Pandanus*- und *Ravenala*-Pflanzen beobachtet.

Besonderes: Von den drei gefundenen Tieren gibt es leider nur Bildmaterial. Daher ist es nicht möglich, den genauen Artstatus zu bestimmen. Die beiden Männchen waren sehr farbenprächtig, das Weibchen deutlich weniger bunt. Der Habitus entsprach etwa dem von *P. parva*. Die Zeichnung weist jedoch einige Unterschiede auf. Besonders auffällig sind der blau gesprenkelte Nacken und die leuchtend gelben Augenringe, ähnlich wie bei *P. q. lepida*, die allerdings deutlich größer ist. Ebenfalls bemerkenswert ist der gesprenkelte Schwanz. Selbst wenn es sich bei diesen Taggeckos um eine lokale Farbform von *P. parva* handelt, wäre der Fundort der bisher südlichste bekannte.

Phelsuma cf. *parva* im Lebensraum bei Befasy nördlich von Tolanaro

Phelsuma cf. dorsivittata

Verbreitung: Nordwest-Madagaskar
Gesamtlänge: bis 100 mm, Eileger

Lebensraum: Diese Phelsume ähnelt sehr der Art *P. parva* und stammt von der Nordwestküste Madagaskars. Es konnten in den letzten Jahren mehrere auseinanderliegende Fundpunkte dieser Taggeckos nachgewiesen werden. So sind Tiere auf Nosy Bé, im Manongarivo Special Reserve, in einer Ortschaft vor Maherivaratra, genau 50 km nördlich von Ambanja sowie auf der Halbinsel Ampasindava, die südlich von Nosy Bé liegt, gefunden worden. Diese Form ist an Pandanus- und Bananenpflanzen sowie auf Kokospalmen, die der direkten Sonneneinstrahlung ausgesetzt sind, gefunden worden.

Terrarienhaltung: Die Pflege entspricht etwa der von *P. parva*. Nur benötigt diese Form eine gute Beleuchtung und Tagestemperaturen über 30 °C. Auch kann bei dieser Form die Luftfeuchtigkeit am Tage etwas niedriger sein als bei *P. quadriocellata*. Die Aufzucht der Jungtiere ist nicht immer problemlos. Schön ist, dass bei dieser Art auch die Nachzuchten recht prächtig gefärbt sind.

Empfohlene Mindestgröße des Terrariums für ein Pärchen: ca. 50 × 50 × 65 cm (L× B×H).

Besonderes: Diese Phelsume ähnelt sehr der früheren Unterart *P. quadriocellata parva* (jetzt nur noch *P. parva*) und wurde dieser Art bisher zugeordnet. Genetische Untersuchungen haben aber eindeutig ergeben, dass diese Tiere definitiv der *P.-dorsivittata*-Gruppe zuzuordnen sind (S. GEHRING, schriftl. Mittlg.). Leider gibt es aber noch keine endgültige Artbeschreibung dieser Form. Diese Tiere haben einen einfarbigen, meist blauen Schwanz und einen verhältnismäßig großen, blau umrandeten Posthumeralfleck hinter den Vorderbeinen

mit anschließenden breiten, grauen Lateralstreifen. Bemerkenswert ist, dass diese Tiere auf frei stehenden Palmen in der prallen Sonne leben.

Phelsuma cf. dorsivittata von Nosy Bé

Phelsuma lineata cf. elanthana

Verbreitung: Zentral-Madagaskar
Gesamtlänge: bis 140 mm, Eileger

Lebensraum: Am Rande eines Restregenwaldstückes im Hochland Zentralmadagaskars. Die Tiere konnten nur an wenigen im Wasser (!) stehenden hochstämmigen *Pandanus*-Bäumen nachgewiesen werden. Auch intensives Absuchen der Ufervegetation und verschiedener Stellen im Inneren des Waldes blieb erfolglos. Das Klima ist durch jahreszeitliche Temperaturschwankungen und deutliche Temperaturabsenkungen in der Nacht geprägt. Durch häufige Regenfälle und die unmittelbare Gewässernähe besteht eine recht hohe Luftfeuchtigkeit.

Terrarienhaltung: Diese Art benötigt am Tage Temperaturen über 30 °C mit spürbarem Temperaturrückgang nachts. Abends ist das Terrarium zu überbrausen. Um die Tiere zur Nachzucht zu bringen, ist nach den bisherigen Erfahrungen eine kühle Haltungsperiode von 2–3 Monaten notwendig.

Empfohlene Mindestgröße des Terrariums für ein Pärchen: ca. 50 × 50 × 65 cm (L × B × H).

Besonderes: Obwohl diese Tiere *P. l. elanthana* ähneln und auch der Lebensraum demjenigen dieser Art am ehesten entspricht, ist aufgrund des sehr isolierten Vorkommens eine genauere Untersuchung dieser Phelsumen sinnvoll. Bemerkenswert ist die bei bestimmten Lichteinfallwinkel zu erkennende glänzende Beschuppung, welche die Geckos nahezu ölig aussehen lässt.

Phelsuma lineata cf. *elanthana*, Wildfang mit gut zu erkennenden glänzenden Schuppen auf Kopf und Rücken
Foto: R. Gebhardt

Phelsuma madagascariensis cf. madagascariensis

(kleine Inselform)
Verbreitung: Insel Nosy Boraha
Gesamtlänge: bis 170 mm, Eileger

Lebensraum: Die kleine Form von *P. m.* cf. *madagascariensis* ist meist an Bananenpflanzen (SCHÖNECKER, pers. Mittlg.) zu finden, aber auch an den etwa armdicken Ästen von Büschen und kleinen Bäumen, die vereinzelt auf abgeholzten Flächen mit vorherrschendem Sekundärbewuchs aus Gräsern und Farnen stehen (LERNER, pers. Mittlg.). Da die Tiere auch in der Nähe von Ortschaften entlang der Madagaskar zugewandten Küste zu finden sind, können sie als Kulturfolger eingestuft werden.

Im Inselinneren und auch an oder in den noch bestehenden Restregenwäldern konnte diese Form nicht nachgewiesen werden. Dort war nur die bis zu 220 mm Gesamtlänge erreichende große Form von *P. m.* cf. *madagascariensis* nachzuweisen. Die Tiere leben hier bevorzugt an großen Laubbäumen. Aber auch an der Ost- sowie an der Westküste der Insel sind diese Taggeckos an *Pandanus*- und Bananenpflanzen zu finden. Sie können ebenfalls als Kulturfolger eingestuft werden.

Terrarienhaltung: Da nicht sicher nachgewiesen werden kann, ob einige der in den Terrarien gepflegten Tiere wirklich von Nosy Boraha stammen, können keine sicheren Aussagen zur Haltung und Vermehrung gemacht werden. Es ist aber zu vermuten, dass sich die Ansprüche nicht von denen von *P. m. madagascariensis* vom Festland unterscheiden.

Kleine Variante von *P. m.* cf. *madagascariensis* auf Nosy Boraha

Empfohlene Mindestgröße des Terrariums für ein Pärchen der kleinen Form: ca. 50 × 50 × 65 cm (L × B × H).

Literatur: BERGHOF (2010a)

Besonderes: Anfang der 1990er-Jahre hatte ich die Möglichkeit, sechs Alkoholpräparate aus dem Zoologischen Museum Berlin zu untersuchen. Die Tiere zeigten eindeutig die Zeichnungs-, Beschuppungs- und Geschlechtsmerkmale von ausgewachsenen *P. m. madagascariensis*. Die Besonderheit war, dass die Tiere nur eine Gesamtlänge von 150 bis 160 mm aufwiesen. Als Fundort war die Insel Sainte Marie (Nosy Boraha) angegeben. Ich konnte bei einem einwöchigen Besuch dieser Insel keine Exemplare der kleinen Form finden, jedoch etliche, mit bis zu 220 mm GL, normalgroße *P. m. cf. madagascariensis*. Die kleine Form wurde aber bei späteren Reisen mehrfach gefunden (SCHÖNECKER und LERNER, pers. Mittlg.). Auffällig bei beiden Formen ist, dass diese Tiere eine fast schwarze Zwischenschuppenhaut besitzen, ähnlich *P. m. boehmei*, und dass die Haut wie bei *P. breviceps* sehr verletzlich ist. Dieser Umstand macht auch die große Form für weitere wissenschaftliche Untersuchungen interessant. Da sich die Lebensräume beider Arten zum Teil überschneiden, drängen sich einige Fragen auf: Welche Form war ursprünglich zuerst da? Gab es zuerst nur die kleine Form auf der Insel, und wurde die große eingeschleppt, und wie stark wird die kleine Form durch die große verdrängt?

Zwei ausgewachsene Männchen der verschiedenen Größenvarianten von *P. m. madagascariensis.* Man beachte auch die unterschiedliche Stressfärbung.

Anhang

Glossar

adult – erwachsen (Adulti: erwachsene Tiere)

arboricol – baumbewohnend

arid – trocken

Autotomie – Fähigkeit zum Abwerfen des Schwanzes an vorgegebenen Sollbruchstellen, um Fressfeinden zu entkommen

Biotop – Lebensraum

dorsal – den Rücken betreffend

dorsoventral – die Rücken-Bauch-Ebene betreffend

endemisch – nur in einem bestimmten Gebiet (z. B. Kontinent, Staat oder Insel) vorkommend: dann endemisch für dieses Gebiet

Gattung – taxonomische Kategorie zwischen Art und Familie

Dichromatismus – Auftreten zweier unterschiedlicher Farbvarianten innerhalb eines Taxons

Extremitäten – Beine, Gliedmaßen

Gravidität – Trächtigkeit

Habitat – Lebensraum

Holotypus – Exemplar, das der Beschreibung eines Taxons zugrunde liegt

Hybride – Bastarde, Mischlinge

Inkubation – Eizeitigung von der Ablage bis zum Schlupf

Inkubator – Brutapparat

Phelsuma pasteuri

juvenil – jung, jugendlich, Jungtier

Kopulation – Paarung

lateral – die Körperseite betreffend

Nominatform – die erste beschriebene Form einer polytypischen Art, zu der alle weiteren nahe verwandten Formen als Unterart gestellt werden

Paratypen – Vergleichsexemplare zum Holotypus der gleichen Art

Pholidose – Beschuppung

Population – sämtliche Exemplare einer Art oder Unterart, die gemeinsam einen in sich geschlossenen Lebensraum bewohnen

Posthumeralflecken – Achselflecken beidseitig hinter den Vorderbeinen

Präanalporen – vergrößerte, meist winkelförmig angeordnete Schuppenreihe, die an der Bauchunterseite vor dem Kloakenspalt zu erkennen ist

Präfemoralflecken – Leistenfleck beidseitig vor dem Ansatz der Hinterbeine

Prädator – Fressfeind

Präanofemoralporen – ähnlich wie die Präanalporen, jedoch bis auf die Unterseite der Schenkel ausgedehnt. Bei allen adulten Männchen innerhalb der Gattung *Phelsuma* sind diese mehr oder weniger stark zu erkennen. Bei den Weibchen sind sie nicht oder nur schwach vorhanden.

rezent – noch existierend

rupicol – felsbewohnend

semiadult – halbwüchsig

sympatrisch – Auftreten zweier oder mehrerer Taxa im selben Gebiet

Taxon, Taxa – jede mit einem wissenschaftlichen Namen belegte Gruppe von Lebewesen

Terra typica – Fundort des Holotypus eines Taxons

ventral – die Bauchseite betreffend

Weiterführende Literatur zur Gattung *Phelsuma*

Damit der Rahmen dieses Buches nicht gesprengt wird, wurden in dieser Literaturliste überwiegend Arbeiten berücksichtigt, welche sich mit der Pflege und Vermehrung von Phelsumen beschäftigen, sowie einige deutschsprachige Werke über Phelsumen im Allgemeinen. Für Interessenten von weiteren ausländischen und deutschen meist wissenschaftlichen Arbeiten sei das Buch „Faszinierende Taggeckos" von HALLMANN et al. (2008) empfohlen. In diesem ist eine nahezu vollständige Literaturliste aller erschienenen Arbeiten bis 2008 enthalten. Nachfolgend erschienene Werke, auch wissenschaftliche, werden im Folgenden mit aufgeführt.

AKERET, B. (2003): Terrarienbepflanzung. – REPTILIA 8(2), Nr. 40: 22–29.

ANDERS, U. (2002): *Phelsuma klemmeri.* – Sauria, Suppl., 24(3): 555–558.

– (2008): Der Streifentaggecko – *Phelsuma lineata.* – Art für Art, Natur und Tier - Verlag, Münster, 64 S.

ANONYMUS (1996): Ein Taggecko-Albino – im Terrarium geboren. – elaphe (N.F.) 4(1): 80.

ARAI, Y. (1994): Notes on the captive husbandry and breeding of the yellow-headed day gecko, *Phelsuma klemmeri* SEIPP. – Dactylus 2(3): 109–112.

BADE, E. (1907): Praxis der Terrarienkunde. – Creutz'sche Verlagsbuchhandlung, Magdeburg, 162 S.

BALEK, J. (1994): [The little known species *Phelsuma breviceps*]. – Akvar. Terar. 37(6): 35–37.

BALKA, P. (1990): Felsuma madagaskarska (*Phelsuma madagascariensis*). – Akv. Terar. 33: 32.

BARBOUR, T. (1918): Amphibia and Reptilia from Madagascar. – Bull. Mus. Comp. Zool. 61: 479–489.

BARTLETT, D. (1964): The day gecko. – Animals, London, 38: 218–221.

BAUER, A.M. (1994): Gekkonidae (Reptilia, Sauria). – Das Tierreich, Bd. 109, Part I (Australia and Oceania), Walter de Gruyter, Berlin, 306 S.

BECH, R. (1975): Vitamingaben bei Echsen. – Aquar. Terrar., Leipzig, Jena, Berlin, 22(7): 243.

– (1980): Einige Bemerkungen zur erfolgreichen Zucht von *Phelsuma laticauda.* – Elaphe 1980(3): 36–37.

– & U. KADEN (1990): Vermehrung von Terrarientieren – Echsen. – Urania-Verlag, Leipzig, Jena, Berlin. 168 S.

BECHTLE, W. (1976): Bunte Welt im Terrarium. – Franck'sche Verlagsbuchhandlung, Stuttgart.

BECHTEL, H. (1976): Terrarientiere II. – Landbuch-Verlag, Hannover.

BELLAIRS, A.d'A. (1969): Die Reptilien. – Enzykl. Natur, Edition Recontre Lausanne, 11: 391–608.

BERGHOF, H.-P. (1997a): *Phelsuma barbouri.* – Sauria, Suppl., 19(3): 385–388.

– (1997b): *Phelsuma nigristriata.* – Sauria, Suppl., 19(3): 399–402.

– (1999): *Phelsuma serraticauda.* – Sauria, Suppl., 21(3): 475–480.

– (2000): Eine neue Farbvariante von *Phelsuma barbouri* LOVERIDGE, 1942. – Sauria 22(1): 3–6.

– (2001): Neue Angaben zum Verbreitungsgebiet von *Phelsuma dubia* (BOETTGER, 1881) sowie einige Bemerkungen zu *Phelsuma hielscheri* RÖSLER, OBST & SEIPP, 2001. – herpetofauna 23(133): 11–18.

– (2002a): *Phelsuma berghofi* KRÜGER, 1996 – Biologie, Pflege und Vermehrung. – DRACO 3(11): 38–42.

– (2002b): Es muß nicht immer grün sein – die weniger bunten Vertreter der Gattung *Phelsuma.* – DRACO 3(11): 61–67.

– (2002c): Experiences with the care and breeding of *Phelsuma hielscheri*, a day gecko from the Isalo national park, Madagascar. – Gecko, Spencer, USA: 39–42.

– (2003): *Phelsuma guttata* KAUDERN, 1922 – ein sehr angenehmer Pflegling. – DRACO 4(15): 59–63.

– (2004a): Rat & Tat: *Phelsuma laticauda.* – REPTILIA 9(3), Nr. 47: 91–92.

– (2004b): Unterwegs im „Reserve Speziale" von Ankara. – DRACO 5(19): 44–49.

– (2006): *Phelsuma berghofi* KRÜGER, 1996 – Biology, Husbandry and Probagation. – Gecko, Leeds, USA: 26–32.

– (2008): Die berüchtigte Küstenstraße von Tolanaro nach Vangaindrano – oder wie ich *Phelsuma berghofi* fand. – TERRARIA 12(4): 4–13.

– (2009): Der Gebirgstaggecko – *Phelsuma barbouri.* – Art für Art, Natur und Tier - Verlag, Münster, 64 S.

– (2010a): Bemerkungen zu unterschiedlichen Größenformen von *Phelsuma madagascariensis madagascariensis* (GRAY,

1831) auf Nosy Boraha. – Sauria 32(3): 25–30.

– (2010b): A very pleasant Terrarium Gecko: *Phelsuma guttata* KAUDERN, 1922. – Gecko, San Jose, USA, issue 6.1: 30–36.

– (2010c): Erste Erfahrungen bei der Pflege und Nachzucht von *Phelsuma malamakibo* NUSSBAUM, RAXWORTHY, RASELIMANANAM & RAMANAMANJATO, 2000. – DRACO 43(3): 53–59.

– (2010d): Die Taggeckos der Gattung *Phelsuma* von der Komoreninsel Mayotte. – DRACO 43(3): 60–64.

– & P. KRAUSE (1999): Bemerkungen zum Verbreitungsgebiet von *Phelsuma standingi* METHUEN & HEWITT, 1913. – herpetofauna 21(123): 19–20.

– & R. GEBHARDT (2002): Erfahrungen bei der Pflege und Vermehrung von *Phelsuma hielscheri* RÖSLER, OBST & SEIPP, 2001 aus dem Isalo-Nationalpark. – DRACO 3(11): 43–46.

– & U. SCHWABE (2006): Eine neue Art, eingerichtete Terrarien zu desinfizieren. – TERRARIA 2(1): 40–43.

– & U. HOESCH (2008): Neue Erkenntnisse bezüglich der Verbreitungsgrenzen von *Phelsuma grandis* und *Phelsuma madagascariensis* in Nordost-Madagaskar. – Sauria 30(2): 53–56.

– & G. TRAUTMANN (2009): Eine neue Art der Gattung *Phelsuma* GRAY, 1825 (Sauria: Gekkonidae) von der Ostküste Madagaskars. – Sauria 31(1): 5–14.

BIRKHAHN, H. (1995): Pflege- und Produktinformation. Essentielle Futterbestandteile und Vitamine. – herpetofauna 94: 26–27.

BLOXAM, Q. & M. VOKINS (1978): Breeding and maintenance of *Phelsuma guentheri* (BOULENGER, 1885) at the Jersey Zoological Park. – Dodo 15: 82–91.

– & S.J. TONGE (1980): Maintenance and breeding of *Phelsuma guentheri* (BOULENGER, 1885). – S. 51– 62 in: TOWNSON, S., S.J. MILLICHAMP, D.G.D. LUCAS & A.J. MILLWOOD (Hrsg.): The care and breeding of captive animals. – Brit. Herp. Soc.

BLUMBERG, A. (1977): Der Taggecko Phelsuma. – Aquarien Magazin, Stuttgart, 11(4): 173.

BÖHME, W. & H. MEIER (1981): Eine neue Form der *madagascariensis*-Gruppe der Gattung *Phelsuma* von den Seychellen. – Salamandra 17(1/2): 12–19.

BOONMAN, J. (1987): De zin en onzin van UV-licht. – Lacerta 46(2): 22–27.

BOSCH, G.J. (1970): [Wall climbers – the genus *Phelsuma*]. – Aquarien Magazin 4(10): 427–428.

– (1981): [Useful knowledge about the care of *Phelsuma*.] – Aquarium, Den Haag, 51(9): 245–248.

– (1984): Enige opmerkingen over Phelsuma's. – Lacerta 42: 10–11.

– (1988): Enige gegevens over Günthers daggecko (*Phelsuma guentheri*). – Lacerta 46(5): 74–77.

BRUG, H.J. VAN DEN (1970): *Phelsuma.* – Lacerta 28(4): 30–31.

BRUSE, F. & G. TRAUTMANN (1996): *Phelsuma breviceps.* – Sauria, Suppl., 18(3): 369–372.

BUDZINSKI, R.-M. (1999): Induktion des männlichen Geschlechts bei Geckos der Gattung *Phelsuma* durch tägliche kurzzeitige Inkubation bei hoher Temperatur. – Sauria 21(3): 43–46.

– (2000): Nachweis einer Küstenpopulation von *Phelsuma borbonica* MERTENS, 1966 auf Reunion. – Sauria 22(4): 43–45.

– (2001): Bemerkungen zur Verbreitung von *Phelsuma robertmertensi* MEIER, 1980 auf Mayotte. – Sauria 23(2): 3–6.

BUDZINSKI, S. & R.-M. BUDZINSKI (2009): Der Mauritiustaggecko – *Phelsuma guimbeaui.* – Art für Art, Natur und Tier - Verlag, Münster, 64 S.

BUNDESMINISTERIUM FÜR ERNÄHRUNG, LANDWIRTSCHAFT UND FORSTEN (1997): Gutachten über die Mindestanforderungen an die Haltung von Reptilien. – Inhaltlich unveränderte Sonderausgabe der DGHT, Rheinbach, 80 S.

CHEKE, A.S. (1981): What the book does not tell you about day geckos, some comments on Oostveen's Phelsumas, on new species and on recent research. – The Herptile 6(1): 4–10.

CHOUDHURY, B.C. (1986): An analysis of the reproductive strategy of the Round Island gecko (*Phelsuma guentheri*) in captivity. – Summer School Reports, Jersey Wildlife Preservation Society: 164–177.

CHRISTOPHEL, F.W. (1982): Freude mit Terrarientieren. – Verlagsgesellschaft R. Glöss, Hamburg, 148 S.

CLAESSEN, H. (1995): Ernährung. – Phelsumania, IPA/Niederlande: 11.

COOPER, W.E. & N. GREENBERG (1992): Reptilian coloration and behavior. – S. 298–422 in: GANS, C. & D. CREWS (Hrsg.): Biology of the Reptilia. Vol. 18. – Chicago, University of Chicago Press.

CRAWFORD, C.M. & R.S. THORPE (1979): Body temperature of two green geckos (*Phelsuma*) and a skink (*Mabuya*) in Praslin, Seychelles. – Brit. Jour. Herpet. 6: 25–31.

CHRISTENSON, L. & G. CHRISTENSON (2003): Day Geckos in Captivity. – Living Art publishing, Ada, Oklahoma, USA, 194 S.

DATHE, F. (1990): *Phelsuma madagascariensis* (GRAY, 1831), Madagassischer Taggecko. – Aquar. Terrar., Berlin, 37(4): 144.

DE BITTER, H. & M. DE BITTER (1991): Wondverzorging bij Phelsuma's. – Phelsuma 2(2): 41–42.

DEDEK, J. & E. ZIMMERMANN (1989): Rotlaufinfektion bei einem madagassischen Taggecko (*Phelsuma madagascariensis*) mit Legenot. – Erkr. Zootiere 31: 307–308.

DELHEUSY, V. & V. BELS (1994): Comportement agonistique du gecko géant diurne, *Phelsuma madagascariensis grandis*. – Amphibia - Reptilia 15: 63–79.

DELLIT, W.D. (1949): Zum Haftproblem der Geckoniden. – DATZ 2(3): 56–58.

DEMETER, B.J. (1976): Observation on the care, breeding and behaviour of the giant day gecko *Phelsuma madagascariensis* at the National Zoological Park, Washington. – Int. Zoo Year Book, 16: 130–133.

DENZER, W. (1981): Phelsumen – Haltung und Nachzucht im Terrarium. – Sauria 3(1): 23–26.

– (1982): Über die Temperaturabhängigkeit der Entwicklung der Geschlechtsanlagen bei Reptilien. – Sauria 4: 23–24.

DIGNEY, T. & T. TYTLE (1983): Captive maintenance and propagation of the lizard genus *Phelsuma*. – S. 141–156 in: MARCELLINI, D. (Hrsg.): Proc. 6th Annual Reptile Symposium on Captive Propagation and Husbandry. – Thurmont, Maryland, Zoological Consortium.

EIBERT, H. (1973): Phelsumen. – DATZ 26(10): 352–355.

EISENBERG, T. (2003): Wie sollte eine fachgerechte Quarantäne durchgeführt werden? – REPTILIA 8(1), Nr. 39: 66–71.

ELVERS, R. (2002): *Phelsuma klemmeri* – en ny smuk daggekko i danske terrarier. – Nordisk Herpetologisk Forening, Koge, 45(6): 162–165.

FLIESS, R. (1985a): Wie ich Terrarianer wurde: Haltungs- und Zuchterfahrungen bei *Phelsuma madagascariensis*. Teil 1. – Aquar. Terrar., Leipzig, 32(7): 277–282.

– (1985b): Wie ich Terrarianer wurde: Haltungs- und Zuchterfahrungen bei *Phelsuma madagascariensis*. Teil 2. – Aquar. Terrar., Leipzig, 32(9): 317–318.

FLOERICKE, J. (1927): Der Terrarienfreund. – Franck'sche Verlagsbuchhandlung, Stuttgart, 222 S.

FLYNN, J. (1987): Activity patterns in captive Gunther's gecko. – South West Herpet. Jour. 1(1): 22–27.

FORSBERG, M. (2000): Daggeckos – *Phelsuma* special. – Terrariet, Vinslöv, 7(5): 3–13.

– (2001): *Phelsuma borbonica*-gruppen. – Terrariet, Vinslöv, 8(6): 3–9.

– (2004): The Madagascar day gecko. – REPTILIA (E) 34: 34–38.

FÖLLING, M. (1996): Bemerkung zur Terrarienhaltung von *Phelsuma ornata ornata* in Gruppen. – elaphe N. F. 4(1): 9–13.

FRANK, R. & P. MUDDE (1988): De goudstofdaggekko (*Phelsuma laticauda*); verzorging en kweek. – Lacerta 47(1): 7–14.

FRIEDERICH, U. & W. VOLLAND (1981): Futtertierzucht. – Verlag Eugen Ulmer, Stuttgart, 168 S.

FRITZ, D. (1992): Erfahrungen mit Taggeckos. – DATZ 45(4): 239–241.

FRITZSCHE, J. (1981): Das praktische Terrarienbuch. – Verlag J. Neumann-Neudamm, Melsungen, Berlin, Basel, Wien, 214 S.

GARBUTT, N. (1993): The Round island gecko: a most unusual Phelsuma. – Dactylus 1(4): 17–21.

GARDNER, A.S. (1985c): Viability of the eggs of the day-gecko *Phelsuma sundbergi* exposed to sea water (short note). – Brit. Jour. Herpet. 6: 435–436.

GARTHWAITE, D.G. (1987): Geckos: *Eublepharis macularius*, *Gehyra mutilata*, *Hemidactylus brooki*, and *Phelsuma dubia*. – In: WELCH, K.R. (Hrsg.): Handbook on the maintenance of reptiles in captivity. – Krieger Publ., Florida, 156 S.

GEHRING, P.S., A. CROTTINI, F. GLAW, S. HAUSWALD & F. M. RATSOAVINA (2010): Notes on the natural history, distribution and malformations of day geckos (*Phelsuma*) from Madagascar. – Herpetology Notes, Volume 3: 321–327.

GERHARDT, R. (2002): Gezielte Farbzuchten bei *Phelsuma madagascariensis grandis*.– DRACO 3(11): 58–60.

GEYER, H. (1957): Praktische Futterkunde für den Aquarien- und Terrarienfreund. – Alfred Kernen, Stuttgart, 140 S.

GLAW, F. & M. VENCES (1992): A fieldguide to the amphibians and reptiles of Madagascar. – Verlag M. Vences & F. Glaw., Köln, 331 S.

–, – & T. ZIEGLER (1999): Bemerkungen zu *Phelsuma dubia* (BOETTGER, 1881): Wiederentdeckung des Holotypus, Verwandtschaftsbeziehungen und Daten zur Fortpflanzung. – Salamandra 35(4): 267–278.

GRECKHAMER, A. (1993a): Der Blauschwanztaggecko *Phelsuma cepediana* MERREM, 1817. – Jahrbuch für den Terrarianer, Wels, I: 5–7.

– (1993b): Felzuma nadherna *Phelsuma cepediana*. – Terarista, Prag, 4(1): 9–13.

– (1993c): Die Ernährung der Gekkonidae im Terrarium am Beispiel der Gattung *Phelsuma* GRAY, 1825. – herpetofauna 15(83): 10–21.

– (1994): Ein Terrarienkonzept zur Haltung, Zucht und Aufzucht von arboricolen Squamaten unter besonderer Berücksichtigung auf die Bedürfnisse der Geckonidengattung *Phelsuma* GRAY, 1825. – Jahrbuch für den Terrarianer, Wels, II: 42–49.

– (1995a): Bemerkungen zur Haltung und Zucht sowie zum Verhalten von *Phelsuma comorensis* BOETTGER, 1913 im

Terrarium. – herpetofauna 17(95): 6–16.

– (1995b): Bemerkungen zur regulären Funktion des Schwanzes bei Geckos der Gattung *Phelsuma* GRAY, 1825. – Jahrbuch für den Terrarianer, Krenglbach, III: 11–17.

– (1995c): Nicht ganz ernst gemeint – Einige grundsätzliche Bemerkungen zur artgerechten Haltung von *Phelsuma abbotti abbotti* STEJNEGER, 1893 – Entwurf moderner Haltungsrichtlinien. – Jahrbuch für den Terrarianer, Krenglbach, III: 33–35.

– (1995d): Schwanzanomalien bei Geckos der Gattung *Phelsuma* GRAY, 1825 (Squamata: Sauria: Gekkonidae. – Herpetozoa 8(1/2): 35–42.

GUPTA, B.K. (1994): A comparison between fecundity rates in captive hatched and wild collected Round Island day geckos (*Phelsuma guentheri*) at the Jersey Wildlife Preservation Trust, U.K. – Animal Keepers' Forum 21(8): 283–286.

HAGDORN, H. (1973): Beobachtungen zum Verhalten von Phelsumen im Terrarium. – Salamandra 9(3/4): 137–144.

– (1974): Die Eiablage bei Phelsumen. – DATZ 27(6): 208–210.

HAGL, A. (1985): Überraschender Zuchterfolg bei *Phelsuma laticauda*. – DATZ 38(2): 94–95.

HALLMANN, G. (1984a): Verzeichnis von 180 Publikationen über die Geckonidengattung *Phelsuma* (GRAY) – Taggeckos – und Liste über die Arten, Unterarten und Fundorte dieser Gattung. – Ziegan, Berlin.

– (1984b): Goldstaubphelsume – *Phelsuma laticauda*. – elaphe (2): 41.

– (1984c): Der Querstreifen-Taggecko *Phelsuma standingi*. – elaphe (4): Umschlagseite.

– (1984d): Der Andamanen-Taggecko *Phelsuma andamanensis*. – herpetofauna 32: 30.

– (1991): Die bisher bekannten und beschriebenen Taggecko-Arten und -unterarten der Geckonidengattung *Phelsuma* GRAY, 1825 (Liste mit Verbreitungskarten). – Internes Zirkular und Ziegan, Berlin.

– (1993): Bemerkenswertes Wiedersehen mit dem Kurzkopf-Taggecko *Phelsuma breviceps* BOETTGER, 1894. – elaphe N.F. 1(2): 10.

– (1994): Ein neuer Taggecko – *Phelsuma antanosy*. – Jahrbuch für den Terrarianer, Wels, II: 50.

– (1995): Erkenntnisse über die Lebenszeit und Reproduktionsfähigkeit bei Taggeckos der Gattung *Phelsuma* GRAY in menschlicher Obhut. – elaphe N.F. 3(4): 24.

– (1996a): *Phelsuma standingi*. Beobachtungen in der Natur und im Terrarium. – REPTILIA 1(2): 23–25.

– (1996b): Phelsumen und Artenschutz: Das Round-Island-Projekt. – REPTILIA 1(2): 26–28.

– (1996c): *Phelsuma standingi*. Observaciones en la Naturaleza y en el terrario. – REPTILIA (E) 2(8): 23–25.

– (2002): Über die Ernährung der Taggeckos der Gattung *Phelsuma*. – DRACO 3(11): 27–29.

–, J. KRÜGER, G. TRAUTMANN (1997): Faszinierende Taggeckos – Die Gattung *Phelsuma*. – Natur und Tier - Verlag, Münster, 229 S.

–, – & – (2008): Faszinierende Taggeckos – Die Gattung *Phelsuma*. (2. Auflage). – Natur und Tier - Verlag, Münster 256 S.

HAVELKA, A. (1993): Chov gekona *Phelsuma standingi*. – Akvar. Terar. 36(6): 35–37.

HENKEL, F.W. & W. SCHMIDT (1991): Geckos: Biologie, Haltung und Zucht. – Ulmer, Stuttgart, 224 S.

– & – (1995): Amphibien und Reptilien Madagaskars, der Maskarenen, Seychellen und Komoren. – Ulmer Verlag, Stuttgart, 311 S.

HENKIES, H. (1968): Notizen über die Nachzucht von *Phelsuma madagascariensis martensi* MERTENS, 1962. – Aqua Terra, Biberist, 5(11): 97–99.

– (1972): Madagassische Taggeckos. – DATZ 25: 388–390.

HENRIKSON, A. (1980): *Phelsuma madagascariensis*. – Nordisk Herpet. Foren 23(10): 267–269.

HESELHAUS, R. (1980): Phelsumen im Terrarium. – herpetofauna 2(4): 9–10.

– (1981): Zum Aggressions- und Paarungsverhalten einiger Phelsumen. – Das Aquarium (Aqua Terra) 15(145): 369–373.

– (1983): Fortpflanzung und Aufzucht des Goldstaub-Taggeckos, *Phelsuma laticauda*. – DATZ 36(2): 71–74.

– (1985a): Durch Nachzucht erhalten: Madagaskar-Taggecko – *Phelsuma madagascariensis* und ihre Unterarten. – Aquarien Magazin 19(12): 524–527.

– (1985b): Taggeckos: Fortpflanzung und Aufzucht von *Phelsuma abbotti pulchra*. – Das Aquarium (Aqua Terra) 19(189): 146–149.

– (1986): Taggeckos – Praktische Winke zur Pflege und Zucht. – Edition Kernen, Essen, 112 S.

– (1991): Immer an der Wand entlang: Taggeckos. – Das Tier (5): 52–55.

HEWITT J.T. (1937): [*P. ocellata*]. – Ann. Natal. Mus. Pietermaritzburg, 8: 200.

HIELSCHER, M. (1975): So halte ich meine Taggeckos *Phelsuma madagascariensis*. – Aquar. Terrar. 5: 12–14.

HILLER, U. (1968): Untersuchungen zum Feinbau und zur Funktion der Haftborsten von Reptilien. – Z. Morph. Tiere 62: 307–362.

– (1971): Form und Funktion der Hautsinnesorgane bei Gekkoniden. I. Licht- und rasterelektronenmikroskopische Untersuchungen. – forma et functio 4: 240–253.

HOESCH, U. (1981): Die Phelsumen auf Mauritius. – Sauria 3(4): 25–27.

– (1982a): Sind Eizeitigungstemperaturen entscheidend für die spätere Geschlechtszuordnung? – Sauria 4(2): 10.

– (1982b): Die Phelsumen Süd- und Ostmadagaskars. – Sauria 4(3): 13–17.

– (1982c): Herpetologische Beobachtungen auf den Seychellen. – herpetofauna 4(17): 31–33.

– (1983): Überraschende Beobachtungen an *Phelsuma lineata leiogaster*. – Sauria 5(2): 13–14.

– (1994): Bemerkungen zur Ernährung von Phelsumen mit Fruchtjoghurt. – Phelsumania, IPA/Niederlande, 10.

HOFER, D. (1992): *Phelsuma sundbergi* RENDAHL, 1939 erbeutet Fische, nebst weiteren Beobachtungen auf den Seychellen. – Salamandra 28: 153–155.

HOFMANN, T. & G. TRAUTMANN (2012): Beobachtungen an *Phelsuma modesta* MERTENS, 1970, mit Anmerkungen über den taxonomischen Status ihrer Unterarten sowie neuen Fundortnachweisen im Süden Madagaskars. – Sauria 35(4): 19–38.

HONEGGER, R.E. (1978): Geschlechtsbestimmung bei Reptilien. – Salamandra 14(2): 69–79.

HOWARD, C.J. (1980): Breeding of the Flat-tailed day gecko (*Phelsuma laticauda*) at Twycross Zoo. – Int. Zoo Year Book 20: 193–196.

JAHN, J. (1963): Kleine Terrarienkunde. – Lehrmeister Bücherei, Minden (1. Auflage), 142 S.

JAROFKE, D. & J. LANGE (1993): Reptilien, Krankheiten und Haltung. – Paul Parey Verlag, Berlin, Hamburg, 188 S.

JES, H. (1987): Echsen als Terrarientiere. – Gräfe und Unzer, München, 70 S.

KABISCH, K. (1990): Wörterbuch der Herpetologie. –Gustav Fischer Verlag, Jena, 478 S.

KÄSTLE, W. (1963): Kalk als Zusatznahrung für Echsen. – Aquar. Terr. Zeitschr. 15: 62.

– (1964): Verhaltensstudien an Taggeckonen der Gattung *Lygodactylus* und *Phelsuma*. – Z. Tierpsych. 21: 486–507.

– (1966): *Phelsuma abbotti abbotti*. – Aqua Terra, Biberist, 4: 65–68.

– (1978): Echsen im Terrarium. – Kosmos, Stuttgart, 1. Auflage, 96 S.

KAHL, W. (1983): Der madagassische Taggecko. – Aquarien Magazin 17(8): 430.

KAUFMANN, H.J. (1980): Haltung und Zucht von *Phelsuma madagascariensis*. – Aquarien Magazin, Leipzig, 27(11): 361, 387–389, 396.

KAUFMANN, K. (1980): Alters- und Degenerationserscheinungen bei *Phelsuma madagascariensis*. – elaphe (4): 64.

KLARSFELD, J.D. (1994): Captive maintenance and breeding of the yellow-throated day gecko, *Phelsuma flavigularis*. – Dactylus 2(3): 98–101.

KLINGELHÖFFER, W. (1959): Terrarienkunde Teil 1–4. – Alfred Kernen Verlag, Stuttgart.

KLUGE, A.G. (1967): Higher taxonomic categories of gekkonid lizards and their evolution. – Bull. Amer. Mus. Nat. Hist. 135: 1–60.

KOBER, I. (1990): Der große madagassische Taggecko im Terrarium. – DATZ 43(10): 605–607.

KÖRBER, U. (1985): Phelsumen: Pflege frei im Wohnraum. – DATZ 38: 139–141.

KRAUSE, P. (1997): Der Ornament-Taggecko – Schmuckstücke im Terrarium – *Phelsuma ornata*. –TI Magazin 133: 38–41.

– (2004): Der Goldstaubtaggecko – *Phelsuma laticauda*. – Art für Art, Natur und Tier - Verlag, Münster, 64 S.

– (2006): Der Palmentaggecko – *Phelsuma dubia*. – Art für Art, Natur und Tier - Verlag, Münster, 64 S.

KRONHOLM, H. (1992): Madagaskar daggecko *Phelsuma madagascariensis grandis* i terrarium. – Snoken Argang, 22(1): 8–9.

KRÜGER, J. (1993a): Morphologische und biochemische Untersuchungen zur Systematik und Evolution einiger Taxa der Gattung *Phelsuma* (Reptilia: Gekkonidae). – Diplomarbeit, Univ. Kiel, 116 S.

– (1993b): Beschreibung einer neuen Unterart von *Phelsuma quadriocellata* aus dem Nord-Osten Madagaskars. – Salamandra 29(2): 133–139.

– (1995): *Phelsuma lineata chloroscelis* – ein Juniorsynonym von *P. lineata bifasciata*. – Salamandra 31(1): 49–54.

– (1996a): Angaben zur Intergradationszone von *Phelsuma m. madagascariensis* und *P. m. grandis* im Nord-Osten Madagaskars. – Salamandra 32(3): 217–222.

– (1996b): *Phelsuma* – farbenprächtige Taggeckos. – REPTILIA 1(2): 17–22.

– (1996c): Beschreibung einer neuen Art aus der Gattung *Phelsuma* aus dem Süd-Osten Madagaskars. – herpetofauna 18(105): 14–18.

– (1997): Angaben zur Eizeitigung bei der Gattung *Phelsuma*. – S. 112–113 in: KÖHLER, G. (Hrsg.): Inkubation von Reptilieneiern. –Herpeton-Verlag, Offenbach.

– (2002): Taggeckos der Gattung *Phelsuma*. – DRACO 3(11): 4–19.

KRUMBIEGEL, I. (1976): Gefangene Tiere richtig füttern. – DLG-Verlagsgesellschaft, Frankfurt/M., 4. Auflage, 262 S.

KUCHLING, G. (1993): Zur Verbreitung und Variabilität von *Phelsuma madagascariensis kochi*. – Salamandra 29(3/4): 269–272.

KUGENBUCH, G. (1976): Einige Aspekte der Geckohaltung. – Aquar. Terrar., Leipzig, 23(7): 222–225.

LANGEBAEK, R. (1979): Observations on the behaviour of captive *Phelsuma guentheri* during the breeding season at the Jersey Wildlife Preservation Trust. – Dodo 16: 75–83.

LEHR, B. (1992): Beobachtungen im Lebensraum von *Phelsuma borbonica borbonica* MERTENS, 1966. – Sauria 14(4): 21–24.

LERNER, A. (2004): A new species of *Phelsuma* GRAY, 1825 from the Ampasindava peninsula, Madagascar. – Phelsuma 12, Journal from Nature Protection Trust of Seychelles: 89–95.

– & P. KRAUSE (1996): Die Taggeckos der Gattung *Phelsuma* GRAY, 1825 auf Mauritius mit Bemerkungen zur begleitenden Herpetofauna. – Jahrbuch für den Terrarianer, Krenglbach, 4: 46–52.

LERNER, C. (1991): A method of predicting clutch sites in the artificial habitat. – Dactylus 1(1): 10–11.

LILGE, D. & D. VAN MEEUWEN (1979): Grundlagen der Terrarienhaltung. – Landbuchverlag, Hannover, 212 S.

LIPP, H. (2000): *Phelsuma ornata*– Sauria, Suppl., 23(3): 541–544.

– (2002a): Gruppenhaltung und Vergesellschaftung von Phelsumen. – DRACO 3(11): 30–36.

– (2002b): Taxonomie, Haltung und Zucht der Unterarten von *Phelsuma lineata* – DRACO 3(11): 51–57.

LOVERIDGE, A. (1942): Revision of the Afro-Oriental geckos of the genus *Phelsuma*. – Bull. Mus. Comp. Zool., Cambridge, Mass., 89: 437–482, figs. 1–2.

LUTTERBERG, H. (1987.): Röntgenanatomie madagassischer *Phelsuma*-Arten – Vergleiche mit Aufnahmen aus der Humanmedizin. – elaphe 9(2): 24–26.

MATZ, G. (1975): *Phelsuma* GRAY (Gekkonidae). – Aquarama 9(31): 34–38.

– & M. VANDERHAEGE (1980): BLV Terrarienführer. – BLV Verlagsgesellschaft, München, Wien, Zürich, 360 S.

McKEOWN, S. (1974): Notes on caring for a breeding Mauritius *Phelsuma ornata* and *Phelsuma cepediana* day gecko. – Honolulu Zoo, Hawaii.

– (1982): Wild status and captive managment of Indian Ocean *Phelsuma* with special reference to the Mauritius lowland forest day gecko (*Phelsuma g. guimbeaui*). – 6th Reptile Sympos. Captive Breeding Washington DC, Zoological Consortium.

– (1983): Captive maintenance and propagation of Indian Ocean day gecko's (genus *Phelsuma*). – Bull. Chicago Herpetol. Soc. 19(1–2): 55–63.

– (1984): Management and propagation of the lizard genus *Phelsuma*. – Acta Zool. Pathol. 78(1): 149–162.

– (1988): Mauritius lowland forest day geckos hatched at the Fresno Zoo. – AAZPA Communique, 22 Spring.

– (1989): Breeding and maintenance of the Mauritius lowland forest day gecko, *Phelsuma guimbeaui*, at Fresno Zoo. – Int. Zoo Year Book 28: 116–122.

– (1991): Day geckos, genus *Phelsuma*: an overview of their wild status and captive management. – In: BRANCH, W.R., G.V. HAAGNER & R.V. BOYCOTT (Hrsg.): 2nd Herpetological Association of Africa Conference. – Bloemfontein, South Africa.

– (1992): Day geckos (genus *Phelsuma*), comments on the wild status and captive management of selected species. – Jour. Herpet. Assoc. Afr. 40: 80–81.

– (1993): The general care and maintenance of Day Geckos. – Lakeside, California: Advanced Vivarium Systems.

– (1996a): Successful breeding of the smaller Day Geckos (*Phelsuma*). Part 1. – Reptiles 4(9): 56–75.

– (1996b): Successful breeding of the smaller Day Geckos (*Phelsuma*). Part 2. – Reptiles 4(10): 32–38.

– (2000): Ornate Day Geckos: In the wild and in captivity. – Reptiles Magazine 8(7): 12–18.

McLACHLAN, G.R. (1979): *Phelsuma ocellata* and *Ficus cordata*. – Jour. Herpet. Assoc. Afr. 20: 2.

MEIER, H. (1975a): Phelsumen, auf Madagaskar beobachtet (I). – Das Aquarium 9(70): 169–173.

– (1975b): Phelsumen, auf Madagaskar beobachtet (II). – Das Aquarium 9(70): 218–222.

– (1977): Beobachtungen an *Phelsuma standingi*. – Salamandra 13: 1–12.

– (1980a): Zur Taxonomie und Ökologie der Gattung *Phelsuma* auf den Komoren, mit Beschreibung einer neuen Art. – Bonner Zool. Beitr. 31(3/4): 323–332.

– (1980b): Zur Lebendfärbung, Lebensweise und zum Verbreitungsgebiet von *Phelsuma guttata*. – Salamandra 16(2): 82–88.

– (1981): *Phelsuma robertmertensi*, ein neuer Taggecko. – herpetofauna 11: 6–8.

– (1982a): Zur Taxonomie und Ökologie der Gattung *Phelsuma* auf den Seychellen, mit Nachträgen zu dieser Gattung auf den Komoren. – Salamandra 18(1/2): 49–55.

– (1982b): Ergebnisse zur Taxonomie und Ökologie einiger Arten und Unterarten der Gattung *Phelsuma* auf Madagaskar, gesammelt in den Jahren 1972 bis 1981, mit Beschreibung einer neuen Form. – Salamandra 18(3/4): 168–190.

– (1983): Neue Ergebnisse über *Phelsuma lineata pusilla* Mertens, 1964, *Phelsuma bimaculata* Kaudern, 1922 und *Phelsuma quadriocellata* (Peters, 1883) mit Beschreibung von zwei neuen Unterarten (Sauria: Gekkonidae). – Salamandra 19: 108–122.

– (1984): Zwei neue Formen der Gattung *Phelsuma* von den Komoren. – Salamandra 20(1): 32–38.

– (1986): Der Formenkreis von *Phelsuma v-nigra* (Boettger, 1913) auf den Komoren: Beschreibung von zwei neuen Unterarten. – Salamandra 22: 11–20.

– (1987): Vorläufige Beschreibung einer neuen Art der Gattung *Phelsuma* von Madagaskar (Sauria: Gekkonidae). – Salamandra 23: 204–211.

– (1989a): Zur Faunistik madagassischer Taggeckos der Gattung *Phelsuma* östlich von Fianarantsoa, bei Tamatave und auf der Insel Ste. Marie. – Salamandra 25(3/4): 224–229.

– (1989b): Eine neue Form aus der *lineata*-Gruppe der Gattung *Phelsuma* auf Madagaskar. – Salamandra 25(3/4): 230–236.

– (1990): Ein problematischer Gecko im Indischen Ozean: *Phelsuma borbonica agalegae* Cheke, 1975. – herpetofauna 12(69): 22–26.

– (1992): A new form in the *lineata* group of the genus *Phelsuma* from Madagascar. – Dactylus 1(2): 7–12.

– (1993): Neues über einige Taxa der Gattung *Phelsuma* auf Madagaskar, mit Beschreibung zweier neuer Formen. – Salamandra 29(2): 119–132.

– (1995): Neue Nachweise von *Phelsuma borbonica* auf Réunion, Maskarenen, mit dem Versuch einer taxonomischen Einordnung. – Salamandra 31(1): 33–40.

– & W. Böhme (1991): Zur Arealkunde von *Phelsuma madagascariensis* (Gray, 1831) anhand der Museumssammlungen A. Koenig und Senckenberg, mit Bemerkungen zur Variabilität von *Phelsuma m. kochi* Mertens, 1954. – Salamandra 27(3): 143–151.

– & – (1996): Zum taxonomischen Status des Formenkreises von *Phelsuma abbotti* Stejneger, 1893, mit Bemerkungen über *P. masohoala* Raxworthy & Nussbaum, 1994. – Salamandra 32(2): 85–98.

Mertens, R. (1933): Die Reptilien der Madagaskar-Expedition Prof. Dr. H. Bluntschli's – Senckenbergiana 15(3/4): 260–274.

– (1946): Die Warn- und Drohreaktionen der Reptilien. – Abh. Senckenb. Naturf. Ges., Frankfurt/M., 471: 1–108.

– (1953): Beobachtungen am Madagassischen Taggecko, *Phelsuma m. madagascariensis*. – DATZ 6(6): 152–155.

– (1954): Studien über die Reptilienfauna Madagaskars II. Eine neue Rasse von *Phelsuma madagascariensis*. – Senckenb. biol. 35(1/2): 13–16.

– (1955): Studien über die Reptilienfauna Madagaskars. I. Beobachtungen an einigen madagassischen Reptilien im Leben. – Zool. Garten (NF), Leipzig, 22(1): 57–73.

– (1962a): Die Arten und Unterarten der Geckonengattung *Phelsuma*. – Senckenb. biol. 43(2): 81–127.

– (1962b): Die bisher lebend eingeführten Taggeckos der Gattung *Phelsuma*. – DATZ 15: 148–153.

– (1963): Zwei neue Arten der Geckonengattung *Phelsuma*. – Senckenb. biol. 44: 349–356.

– (1964a): Fünf neue Rassen der Geckonengattung *Phelsuma*. – Senckenb. biol. 45(2): 99–112.

– (1964b): Der Eidechsenschwanz als Haftorgan. – Senckenb. biol. 45(2): 117–122.

– (1966): Die nichtmadagassischen Arten und Unterarten der Geckonengattung *Phelsuma*. – Senckenb. biol. 47(2): 85–110.

– (1970): Neues über einige Taxa der Geckonengattung *Phelsuma*. – Senckenb. biol. 51(1/2): 1–13.

– (1972a): Senkrecht-ovale Pupillen bei Taggeckos und Skinken. – Salamandra 8(1): 45–47.

– (1972b): Madagaskars Herpetofauna und die Kontinentaldrift. – Zool. Mededel., 46(7): 91–98.

– (1972c): Nachtrag und Berichtigung zu >Senkrecht-ovale Pupillen . . .< in dieser Zeitschrift. – Salamandra 8: 187.

– (1973a): Der typische Fundort von *Phelsuma dubia*. – Salamandra, Frankfurt/M., 9(2): 75–77.

– (1973b): Eine neue Unterart des Taggeckos *Phelsuma lineata*. – Senckenb. biol. 54(4/6): 299–301.

Metzler, J. (1978): Pflege und Zucht des Taggeckos *Phelsuma madagascariensis*. – Aquaria, St. Gallen, 25(10): 147–148.

Miller, M.J. (1979): Preliminary notes on the breeding of

geckos in captivity. – Bull. Chicago Herp. Soc., Chicago, 14(3): 78–91.

Mobbs, A.J. (1979): Phelsuma day geckos. – Aquarist Fondkeeper 44(5): 47–48.

– (1982a): The Day Geckos (*Phelsuma*) Part 1. – The Herptile 7(3): 14–19.

– (1982b): *Phelsuma* (day gecko) – their care and breeding. – Proc. Symp. Ass. Brit. Wild Animal Keepers 6: 3–7.

– (1983): The Day Geckos (*Phelsuma*) Part 2. – The Herptile 8(1): 23–24.

Mudde, P. & R. Franck (1991): De goudstofdaggecko *Phelsuma l. laticauda*. Verzorging en kweek in terraria. – Phelsuma 2(2): 38–40.

Mudrack, W. (1972): Ein Kletterakrobat: der Taggecko Phelsuma. – Aquarien Magazin 6(11): 462–465.

Murphy, T.J. (1989): Territoriality, inter- and intraspecific aggression in geckos of the genus *Phelsuma*. – B. Sc., University of Cork, Ireland.

– & A.A. Myers (1993b): Salmonellosis due to *Salmonella houten* in captive day geckos (genus *Phelsuma* Gray). – Herpet. Jour. 3(4): 124–129.

Musshoff, H. (1932): Anregungen und Hinweise eines Terrarienfreundes. –Bl. Aquar. Terr. Kde. 43(1): 6–8.

Myers, A.A. & T.J. Murphy (1994): Feeding geckos. – Dactylus 2(3): 88–92.

Nietzke, G. (1972): Die Terrarientiere 2. – Ulmer Verlag, Stuttgart, 322 S.

– (1984): Fortpflanzung und Zucht der Terrarientiere. – Landbuch Verlag, Hannover, 237 S.

Nijhuis, F. (1979): Phelsumen, kleine Naturwunder. – Das Aquarium (Aqua Terra) 13(126): 577–581.

Nussbaum, R., A. Christopher, J. Raxworthy, A. P. Raselimanana & J. B. Ramanamanjato (2000): New species of Day Gecko, *Phelsuma* Gray (Reptilia: Squamata: Gekkonidae), from the naturelle integrale d`Andohahela, southern Madagascar. – Copeia: Vol. 2000(3): 763–770.

Obst, F.J., K. Richter & U. Jakob (1984): Lexikon der Terraristik. – Landbuch Verlag, Hannover, 466 S.

Oostveen, H. (1979): Phelsumas. – Herpetol. Station „De Natuurvriend", Utrecht, 94 S.

– (1980): Phelsumas: steed klene wonderen. – Lacerta 38(10/11): 98–101.

– & W.A. Thomey (1975): Der Schlupfvorgang bei *Phelsuma lineata chloroscelis* Mertens, 1962. – Das Aquarium, (Aqua Terra) 9(73): 309–312.

Opinion 877 (1969): *Phelsuma ornatum* Gray, 1825 (Reptilia): Refusal to suppress under the plenary powers. – Bull. Zool. Nomencl., London, 26(1): 16–17.

Op't Veld, R. (1991): De kweek en verzorging van *Phelsuma lineata chloroscelis* Mertens, 1962. – Phelsuma 2(2) 32–34.

Osadnik, G. (1984): An investigation of egg-laying in *Phelsuma* (Reptilia: Sauria: Gekkonidae). – Amphibia - Reptilia 5: 125–134.

– (1987): Untersuchungen zur Reproduktionsbiologie des madagassischen Taggeckos *Phelsuma dubia*. – Dissertation, Universität Bochum.

Peaker, M. (1968): Eating of green algae by gecko (*Phelsuma laticauda*). – Brit. J. Herpet. 4: 38.

Pederson, H.H. & H. Ibsen (1991): [Day gecko *Phelsuma standingi*]. – News-letter, Austr. Soc. Herpetol., 34(7): 150–151.

Petzold, H.G. (1978b): *Phelsuma quadriocellata* (Peters, 1883) – Pfauenauge-Taggecko. – Aquarien Terrarien, Leipzig, 25(8): 288.

– (1978c): *Phelsuma lineata* (Gray, 1842) – Streifentaggecko. – Aquarien Terrarien, Leipzig, 24(10): 360.

Philippen, H.-D. (1989): Neue Erkenntnisse bei der temperaturabhängigen Geschlechtsfixierung. – herpetofauna 11(61): 22–24.

Pierce, L. (1994): Maintenance and breeding of Seipp's day gecko *Phelsuma seippi*. – The Vivarium 5(6): 38–41.

Platteeuw, J. (1993): Soort van de maand: *Phelsuma flavigularis*. – Phelsuma 3(2): 20–21.

– & J. Dooms (1989): [Some notes on *Phelsuma standingi*.]. – Lacerta 48(1): 22–24.

– & – (1992): De *Phelsuma madagascariensis*-groep. – Phelsuma 2(4): 86–90.

– & – (1993): De *Phelsuma dubia dubia*. – Phelsuma 3(2): 13–14.

Polder, W.N. (1964): Prachtige hagedissen van een wondelijk eiland. – Het Aquarium 35(1): 2–6.

Pürkel, O. (2002): Zur Haltung und Zucht von *Phelsuma inexpectata* Mertens, 1966. – DRACO 3(11): 47–50.

Rauh, W. (1992): Zur Klima- und Vegetationszonierung Madagaskars. – S. 31–53 in: Bittner, A. (Hrsg.): Madagaskar – Mensch und Natur im Konflikt. – Basel, Birkhäuser Verlag, 268 S.

Reiniers, J. (1992a): Paringsproblemen bij *Phelsuma dubia*. – Phelsuma 2(3): 65–66.

– (1992b): Mini-Insekten en jonge *Phelsuma p. pusilla*'s. – Phelsuma 2(4): 78–79.

REJTHAR, L. (1985): [*Phelsuma madagascariensis* and its breeding]. – Akvarium Terrarium 28(2): 30.

REKUM, M. VAN. (1961): Daggecko's: Juwelen in het terrarium. – Lacerta 19(7): 61–63.

– (1962): Blijde gebeurtenissen in het terrarium II. *Phelsuma lineata.* – Lacerta 20: 90–92.

RENDAHL, H. (1939): Zur Herpetologie der Seychellen. – I. Reptilien. – Zool. Jb., Syst., Jena, 72(3/4): 255–328.

RICE, L. (2000): UV ore not UV: that is the question. – Reptiles 2000 annual issue: 90–95.

RIMPP, K. (1977): Amphibien und Reptilien im Terrarium. – Falken-Verlag, Niedernhausen/Ts., 64 S.

– (1986): Das Terrarium. – Verlag Eugen Ulmer, Stuttgart, 128 S.

RÖLL, B. (1990): Vergleichende Untersuchungen an Photorezeptoren und Sehfarbstoffen nacht- und tagaktiver Geckos (Reptilia, Geckonidae). – Dissertation, Ruhr-Universität Bochum, 132 S.

RÖSLER, H. (1978): Revierverhalten von Weibchen der Gattung *Phelsuma.* – Informationen ZAG Terrarienkunde, Arbeitsmaterial, Berlin, (2): 5–8.

– (1980): *Phelsuma quadriocellata* (PETERS, 1883), der Pfauenaugen-Taggecko; Haltung und Zucht, nebst einigen Bemerkungen zur Systematik. – elaphe (2): 17–20.

– (1982): Etwas über das Alter von Geckonen. – elaphe (3): 40–41.

– (1983): De Réunion-daggecko (*Phelsuma ornata inexpectata*) in het terrarium. – Lacerta 42 (2): 22–24.

– (1984): Bemerkungen über einige Phelsumen. – elaphe (4): 72.

– (1986): Aspekte einer Geschlechtsmanipulation bei Geckonenembryonen in Abhängigkeit des Temperaturregimes (Reptilia: Gekkonidae). – Aqua. Terrar. Info. 4: 7–10.

– (1987a): Aufzeichnungen über einige Krankheitserscheinungen bei Geckonen. 1. Mitteilung: Knochenstoffwechselstörungen. – Aquar. Terrar. Info 5(1): 7–11.

– (1987b): Etwas über das Alter von Geckonen (Sauria: Gekkonidae) (Nachtrag). – elaphe 9(2): 27–29.

– (1988a): Über das „Eifressen" im Terrarium bei Arten der Gattung *Phelsuma* GRAY, 1825 (Sauria: Gekkonidae). – Salamandra 24(1): 20–26.

– (1988b): Aufzeichnungen über einige Krankheitserscheinungen bei Geckonen. 2. Mitteilung: Bakterieninfektionen. – Aquar. Terrar. Info 6(4): 12.

– (1988c): Mitteilungen zur Fortpflanzungsbiologie von Geckonen im Terrarium. – Das Aquarium 22(229): 433–434.

– (1988d): Einige Hinweise zur Bestimmung der Unterarten von *Phelsuma madagascariensis* (GRAY). – elaphe 10(1): 6–7.

– (1989a): Die Massenveränderung bei einem Doppelgelege von *Phelsuma madagascariensis grandis* während der Inkubationszeit. – elaphe 11(3): 48–49.

– (1989b): Mitteilungen zur Fortpflanzungsbiologie der Geckonen. 1. Aufzeichnungen über Eiablage, Eier und Jungtiere von verschiedenen Geckonen anhand von Terrarienbeobachtungen. – Das Aquarium 23(239): 303–306.

– (1990a): Mitteilungen zur Fortpflanzungsbiologie der Geckonen. 3. Eiablage und Eizeitigung im Terrarium. – Das Aquarium 24(254): 39–44.

– (1990b): Contribution à la connaissance de la biologie de la reproduction de *Phelsuma v-nigra v-nigra* BOETTGER, 1913 (Sauria, Gekkonidae). – Bull. Soc. Herp. Fr. 53: 24–30.

– (1993): Description of a female *Phelsuma edwardnewtonii* VINSON & VINSON, 1969. – Dactylus 2(2): 71–75.

– (1995): Geckos der Welt: alle Gattungen. – Urania Verlag, Leipzig, Jena, Berlin, 256 S.

–, F.J. OBST & R. SEIPP (2001): Eine neue Taggecko-Art von Westmadagaskar: *Phelsuma hielscheri* sp. n. (Reptilia: Sauria: Gekkonidae). – Zool. Abh. Staatl. Mus. Tierk. Dresden 51(6): 51–60.

ROCHA, S., H. RÖSLER, P.-S. GEHRING, F. GLAW, D. POSADA, D. J. HARRIS & M. VENCES (2010): Phylogenetic systematics of day geckos, genus *Phelsuma*, based on molecular and morphological data (Squamata: Gekkonidae). – Zootaxa, Magnolia Press, 2429: 1–28.

ROGNER, M. (1992): Echsen 1. – Verlag Eugen Ulmer, Stuttgart, 281 S.

ROVERS, H. & A. ROVERS (1986): Kweken van *Phelsuma ornata ornata.* – Terra, Antwerpen, 22(1): 10–11.

RUNDQUIST, E.M. (1979): Reproduction and captive maintenance of Koch's day gecko *Phelsuma madagascariensis kochi.* – Proc. 3th Annual Reptile Symposium on Captive Propagation and Husbandry, Thurmont, Maryland, Zoological Consortium, 3.

– (1980): The day gecko (genus *Phelsuma*) in the United States: The current State of the Art. – Proc. 4th Annual Reptile Symposium on Captive Propagation and Husbandry: 17–23.

– (1994): Day geckos. – T.F.H. Publications, Neptune, NJ, 64 S.

RUSSEL, A.P. (1972): The foot of the gekkonid lizards: a study in comparative and functional anatomy. – Thesis Univ.,

London, 376 S.

Russo, P. (1990): Captive husbandry of the Madagascan Standing's day gecko, *Phelsuma standingi*. – Long Island Herpet. Soc. Bull., 1990(5): 5–6.

Schleich, H.H. (1984): Bemerkungen zur Gefangenschaftsbiologie und zum Eiablageverhalten des madagassischen Taggeckos *Phelsuma madagascariensis*. – herpetofauna 6(32): 28–30.

– & W. Kästle (1986): Ultrastrukturen an Gecko-Zehen (Reptilia: Sauria: Gekkonidae). – Amph. Rept. 7(2): 141–166.

Schlüter, U. (1996): Abbotts Taggecko. – Das Aquarium 326: 38.

Schmidt, A. (1955): Gelungene Aufzucht einer *Phelsuma madagascariensis kochi*. – DATZ 8(4): 99–102.

Schmidt, D. (1982): *Phelsuma lineata* – Streifen-Taggecko. – elaphe (1): 16.

Schmidt, D. (1984): *Phelsuma dubia* (Boettger, 1881) Taggecko (Familie: Gekkonidae, Geckos). – Aquar. Terrar., Leipzig, 31(4): 143.

Schmidt, K. & F. Glaw (1997): Erstnachweis von *Phelsuma abbotti* in Nordost-Madagaskar. – herpetofauna 19(108): 23–34.

Schmidt, K.P. & R.F. Inger (1957): Knaurs Tierreich in Farben: Reptilien. – Verlag Droemer, München.

Schmidt, P. (1911): Zur Biologie von *Phelsuma madagascariensis*. – Bl. Aquar. Terr. Kde. 22: 582–583.

Schmidt, W. (1992): Neu- und wiederentdeckt: Reptilien und Amphibien aus Madagaskar. – DATZ 5/92: 280.

Schmidt, W.J. (1904): Zur Anatomie und Physiologie der Geckopfote. – Zool. Naturw., Jena, 39: 551.

– (1912): Studien am Integument der Reptilien. I: Die Haut der Geckoniden. – Zeitschr. Wiss. Zool. 100: 139–258.

Schönecker, P. (2004): Biologie, Pflege und Vermehrung des Kurzkopf-Taggeckos (*Phelsuma breviceps* Boettger, 1894). – DRACO 5(19): 68–73.

– (2006): Der Augenflecktaggecko – *Phelsuma quadriocellata*. –Art für Art, Natur und Tier - Verlag, Münster, 64 S.

–, S. Bach & F. Glaw (2004): Eine neue Taggeckoart der Gattung *Phelsuma* aus Ost-Madagaskar (Reptilia: Squamata: Gekkonidae). – Salamandra 40(2): 105–112.

Schuster, W.D. (1979): Der Streifen-Taggecko im Terrarium. – DATZ 32(9): 321–322.

Seipp, R. (1990): Eine neue Art der Gattung *Phelsuma* Gray, 1825 von Madagaskar (Reptilia: Sauria: Gekkonidae). – Senckenb. biol. 71(1/3): 11–14.

– (1994): Eine neue Art der Gattung *Phelsuma* Gray, 1825 aus Zentral-Madagaskar (Reptilia: Sauria: Gekkonidae). – Senckenb. biol. 74(1/2): 193–197.

Sessmann (1952): [Teeth in *Phelsuma m. madagascariensis*]. – Anat. Anz. 99: 35–67.

Seufer, H. (1985): Geckos. – Philler Verlag, Minden, 112 S.

– (1991): Keeping and breeding geckos. – T.F.H. Publications, 192 S.

Siebert, W. (1977): Gelungene Zucht von *Phelsuma madagascariensis*. – Der Aquarienfreund 6(12): 225–229.

Steiner, C. (1963): Über die Nachzucht von *Phelsuma lineata* und *Phelsuma bimaculata*. –DATZ 16(2): 58–59.

Stettler, P.H. (1978): Handbuch der Terrarienkunde. – Kosmos Verlag, Stuttgart, 228 S.

Stock, H.J. (1977): Zur Pflege und Zucht von *Phelsuma madagascariensis*.– Aquar. Terrar., Leipzig, 24(8): 265.

Streckenbach, P. (1979): Doppelmißbildungen beim Madegassischen Taggecko. – elaphe (4): 45–46.

Szidat, H. (1968): Eine Methode zur Erkennung des Geschlechtes bei Squamaten. – Zool. Gart. (N.F.) 35: 281–287.

Tatzelt, G. (1912): *Phelsuma laticauda*. – Bl. Aquar. Terr. Kde. 23: 433–434.

Thomsen, J. (1983): Der große madegassische Taggecko *Phelsuma standingi*. – herpetofauna 5(25): 16–20.

Thomsen, J. (1990): [The giant Madagascar day gecko, *Phelsuma standingi*.]. – Nord. Herpetol. Foren. 29(3): 81–88.

Thomsen, U. (1984): Zu: Phelsumen-Haltung und Nachzucht im Terrarium. – Sauria (2): 6.

Trautmann, G. (1992a): En ongewone daggecko: *Phelsuma borbonica agalegae* Cheke, 1975. – Phelsuma 2(5): 98–101.

– (1992b): *Phelsuma guimbeaui* Mertens, 1963. – Sauria, Supplement, 14(1–4): 255–256.

– (1993): *Phelsuma mutabilis* (Grandidier). – Sauria, Supplement, 15(1–4): 276–277.

– (1994): *Phelsuma breviceps* Boettger, 1894. – Sauria 16(2): 2.

Trombetta, D. (1987): *Phelsuma* Gray: elevage et reproduction en milieu artificiel. – Aquarama 95: 46–50.

Tytle, T. (1986): Calcium metabolism in the lizard genus *Phelsuma*: a preliminary report. – Proc. 9th Annual Herpetological Symposium on Captive Propagation and Husbandry, Thurmont, Maryland, Zoological Consortium, 9: 175–183.

– (1989): Day geckos: *Phelsuma*; the captive maintenance and propagation of day geckos. – The Vivarium 2(5): 15, 18, 19, 29.

– (im Druck): Captive husbandry in *Phelsuma* – past, present and future. – In: MURPHY, J.B., K. ADLER & J.T. COLLINS (Hrsg.): Captive management and conservation of amphibians and reptiles.– Soc. Study Amph. Rept.

–, R. GRIMPE, D. PICKERING & L. PUTNAM (1984): Life history notes: *Phelsuma madagascariensis kochi*. – Herpet. Rev., Athen, 15(2): 48–49.

ULBER, T., W. GROSSMANN, J. BEUTELSCHIESS & C. BEUTELSCHIESS (1989): Terraristisch/Herpetologisches Fachwörterbuch. – TGB Sauria, Berlin, 176 S.

VANDERSTRAETEN, F. (1982a): Phelsuma's kleurrijke verschijningen! 1. – Terra 18(1): 8–12.

– (1982b): Phelsuma's kleurrijke verschijningen! 2. – Terra 18(2): 19–23.

– (1982c): Phelsuma's kleurrijke verschijningen! 3. – Terra 18(3): 38–42.

– (1982d): Phelsuma's kleurrijke verschijningen! 4. – Terra 18(4): 58–60.

VAN HEYGEN, E. (1992): Een nieuwe daggecko: *Phelsuma klemmeri*. – Phelsumania 2(3): 60–62.

– (2004): The genus *Phelsuma* GRAY, 1825 on the Ampasindava peninsula, Madagascar. – Phelsuma 12, Journal from Nature Protection Trust of Seychelles: 93–111.

VERGNER, I. (1979): [Geckos of the genus *Phelsuma*]. – Ziva 27(6): 229–232.

– (1981): Der interessante Taggecko *Phelsuma dubia* (BOETTGER, 1881). – elaphe (1): 2–3.

– (1990a): Erfahrungen bei der Zucht von Taggeckos. – Intern. Symposium f. Vivaristik, Dokumentation, Lindabrunn, Eigenverlag Wiener Volksbildungswerk: 93–95.

– (1990b): Beobachtungen bei der Vermehrung von Phelsumen im Terrarium. – herpetofauna 12(65): 25–34.

– (1990c): Felsuma zlatoocasa (*Phelsuma laticauda*) v prirodea v terariu. – Akvar. Terar. 33: 24–25.

– (1990d): Felsuma mramorovana *Phelsuma abbotti* v prirode a v terariu. – Akvar. Terar. 33: 28–29.

– (1991): [Raising and breeding Madagascan and Seychelles Phelsuma.]. – Ziva 39(2): 84–85.

– (1994): Zur allgemeinen Problematik bei der Inkubation von Reptilieneiern. – Jahrbuch für den Terrarianer, Wels, II: 30–39.

VOGEL, Z. (1963): Wunderwelt Terrarium. – Urania Verlag, Leipzig, Jena, Berlin, 254 S.

VOGT, D. (1987): Das neue Bundesnaturschutzgesetz und das Washingtoner Artenschutzübereinkommen (WA). – DATZ 40(2): 75–77.

VOORHEES, J.T. (1993): *Phelsuma standingi*: Observations in captivity. – Dactylus 2(1): 20–24.

WALSH, M. (1990): Gold dust day gecko in Hawaii. – Bull. Chicago Herpet. Soc. 25(11): 209.

WEBER, W. (1962): Der kleine Taggecko, ein Juwel der Reptilien. – Aquar. Terrar., Leipzig, 9(8): 245.

WERNER, Y.L. (1985): Optimal temperature for inner-ear performance agrees with field body temperature in *Phelsuma* (Reptilia: Gekkoninae). – Herpet. Jour. 1(1): 36–37.

WHITAKER, R. & Z. WHITAKER (1978): Notes on *Phelsuma andamanense*, the Andaman day gecko or green gecko. – J. Bombay Nat. Hist. Soc. 75(2): 497–499.

WIEMER, R. (1994): *Phelsuma cepediana* (MERREM). – Sauria, Supplement, 16(3): 315–318.

WINTERS, R. (2011): A Treasury of Endemic Fauna of Mauritius and Rodrigues. – Mauretania, Grand Baie, Mauritius, 95 S.

WOUTERS, R. (1987): Kweekervaringen met de blauwstaartdaggecko (*Phelsuma cepediana*). – Lacerta 46(3): 40–43.

– (1991): *Phelsuma borbonica borbonica* MERTENS, 1966. – Phelsuma 2(2): 29–31

– (1992a): Soort van de maand: de Cheke's daggecko *Phelsuma chekei* BÖRNER & MINUTH, 1982. – Phelsuma 2(4): 75–77.

– (1992b): Soort van de maand: de comorensis daggecko *Phelsuma comorensis* (BOETTGER, 1913). – Phelsuma 2(5): 102–104.

– (1992c): Sepia! Een must of fataal? – Phelsuma 2(5): 105.

WWF DEUTSCHLAND (1994): Jahresstatistik. – Radolfzell.

ZAWORSKI, J.P. (1992): *Phelsuma standingi*: the enigmatic day gecko. – Dactylus 1(3): 4–12.

ZIEGLER, T. (1993): Erkennungshandbuch nach dem Washingtoner Artenschutzübereinkommen für die Gattung *Phelsuma* (Ordnung: Sauria, Familie: Gekkonidae). – BM für Umwelt, Naturschutz und Reaktorsicherheit, Bonn, 3: 1–39.

ZIMMERMANN, E. (1983): Das Züchten von Terrarientieren. – Kosmos, Stuttgart, 238 S.

ZIMMERMANN, H. (1982): Futtertiere von A–Z. – Franck'sche Verlagsbuchhandlung Stuttgart, 80 S.

ZIMNIOK, K. (1988): Echsen. – Albrecht Philler Verlag, Minden, 112 S.

ZOBEL, R. (1986): *Phelsuma flavigularis*, der Gelbkehlige Taggecko. – DATZ 39(6): 279.

– (1988a): Eine herpetologische Expedition durch Madagaskar (1. Teil). – DATZ 41(6): 173–176.

– (1988b): Eine herpetologische Expedition durch Madagaskar (2. Teil). – DATZ 41(7): 236–239.

Weitere Informationen

Zur Vertiefung der in diesem Buch gegebenen Informationen und zum tieferen Einblick in terraristische und herpetologische Themenbereiche empfehlen sich die Mitgliedschaft in einem Verein gleich gesinnter Terrarianer und ein intensives Literaturstudium. Die folgenden Auflistungen sollen dabei behilflich sein, einen Einstieg in die Thematik zu finden, können aber natürlich nur einen kleinen Ausschnitt aufzeigen.

Vereine und Interessengruppen

Die Deutsche Gesellschaft für Herpetologie und Terrarienkunde (DGHT; www.dght.de; DGHT e. V., Postfach 120433, 68055 Mannheim, Tel.: 0621-86256490, E-Mail: gs@dght.de) ist mit über 7.000 Mitgliedern die weltweit größte Gesellschaft ihrer Art und bringt Wissenschaftler und Hobbyherpetologen zusammen. Mitglieder erhalten vierteljährlich mindestens zwei verschiedene herpetologische/terraristische Zeitschriften.

Internationale Geckotagung

Zu Pfingsten treffen sich seit über 25 Jahren regelmäßig an Geckos interessierte Terrarianer und Herpetologen an wechselnden Orten. Informationen hierüber finden sich im Internet unter dem Stichwort „Internationale Geckotagung" oder auf der Homepage von F.W. Henkel (www.nephrurus.org)

Zeitschriften

REPTILIA, TERRARIA/elaphe
Terraristik-Fachmagazine
erscheinen je sechs Mal jährlich,
mit Internetportal für Kleinanzeigen

Natur und Tier - Verlag GmbH
An der Kleimannbrücke 39/41
48157 Münster
Tel.: 0251-133390
E-Mail: verlag@ms-verlag.de
www.reptilia.de

DRACO
Terraristik-Themenheft , erscheint vier Mal jährlich, Natur und Tier - Verlag, s. o.

Sauria
Terraristik und Herpetologie
erscheint vier Mal jährlich
Terrariengemeinschaft Berlin e.V.
Bruno Treu, Gardes-du-Corps-Str. 12
14059 Berlin, E-Mail: abo@sauria.de
www.sauria.de

Internet

Hier einige Webseiten die Informationen zu Taggeckos der Gattung *Phelsuma,* aber auch zu anderen Geckos bieten. Dies ist nur eine kleine Auswahl. Weitere interessante Webseiten sind über Suchmaschinen zu finden.

www.IG-Phelsuma.de
www.phelsuma.se
www.phelsumania.com
www.daygecko.com
www.nephrurus.org

Untersuchungsstellen

Kotproben, Sektionen und andere Untersuchungen können von spezialisierten Tierärzten oder von veterinärmedizinischen Untersuchungsstellen, die es in vielen Städten gibt, vorgenommen werden. Eine Liste mit Tierärzten, die sich mit Reptilien und Amphibien beschäftigen, kann über die DGHT bezogen oder auf www.dght.de eingesehen werden.
Überregional bekannt sind z. B. folgende Einrichtungen:

Exomed
Postfach 630149
10266 Berlin
Tel.: 030-51067701
E-Mail: labor@exomed.de
www.exomed.de

Universität München
Klinik für Vögel, Reptilien, Amphibien und Zierfische
Kaulbachstr. 37, 80539 München

Tel.: 089-2180-2283
Mobil: 0177-5781344 (Notdienst)
E-Mail: reptilienstation@vogelklinik.vetmed.uni-muenchen.de
www.vogelklinik.vetmed.uni-muenchen.de

Chemisches und Veterinäruntersuchungsamt Ostwestfalen-Lippe
Westerfeldstr. 1
32758 Detmold
Tel.: 05231-9119
E-Mail: Poststelle@cvua-owl.de
www.cvua-owl.de

Vet Med Labor GmbH
Division of IDEXX Laboratories
Mörikestr. 28/3
71636 Ludwigsburg
Tel.: 01802-838-633
E-Mail: hotline-Germany@idexx.com
www.idexx.de
(für privat nur über Ihren Tierarzt)

Artenschutzfragen

Bundesamt für Naturschutz
Artenschutzvollzug
Konstantinstr. 110
53179 Bonn
Tel.: 0228-8491-1311
E-Mail: citesma@bfn.de
www.bfn.de

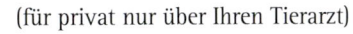

Phelsuma guentheri

Die Interessengruppe Phelsuma

Leitung

Dr. Ralph-M. Budzinski, Thüringenstr. 28, 88400 Biberach, Tel.: 07351-22373, E-Mail: ralph.budzinski@ig-phelsuma.de

Hans-Peter Berghof, Elisenstrasse 5, 08393 Meerane, Tel.: 03764-47863, E-Mail: hp.berghof@ig-phelsuma.de

Andreas Mögenburg, Albstraße 17, 89081 Ulm, Tel.: 0731-1758731, E-Mail: andi.moegenburg@ig-phelsuma.de

Die „Interessengruppe Phelsuma" ist eine Vereinigung von zurzeit etwa 250 Mitgliedern, die seit 1992 existiert. Unsere gemeinsamen Ziele sind die Erforschung der Phelsumen, die Wissensvermittlung über diese schönen Taggeckos sowie die Erhaltungsnachzucht möglichst vieler verschiedener Phelsumen-Arten. Dazu zählt die Erstellung von Zuchtgemeinschaften zur Zucht- und Haltungsoptimierung ebenso wie die Zusammenführung von einzelnen Tieren verschiedener Züchter, um eine bestmögliche Arterhaltung zu fördern. Zu Dokumentations- und Forschungszwecken erstellen wir eine jährliche Nachzuchtstatistik. Jeder, der ernsthaftes Interesse an der Gattung *Phelsuma* und an der aktiven Mitarbeit in der Interessengruppe hat, wird gerne als Mitglied aufgenommen. Unsere Mitglieder kommen zum überwiegenden Teil zwar aus Deutschland, doch haben sich uns auch einige Phelsumenfreunde aus dem europäischen und außereuropäischen Ausland angeschlossen.

Wir bieten unseren Mitgliedern vier umfangreiche und interessante Rundschreiben pro Jahr, geben kompetente und fachgerechte Beratung bei Fragen zur Haltung, Zucht, Taxonomie etc. Des Weiteren treffen wir uns einmal jährlich zu unserer Jahrestagung mit vielen Vorträgen, Gesprächen und Tipps rund um die Phelsumenhaltung – hier sind auch Gäste herzlich willkommen.

Allen Mitgliedern steht sowohl eine Tauschbörse offen (über die IG-Website oder auf den Jahrestreffen) als auch die Vermittlung ihrer Nachzuchten über Presse-Annoncen in Fachzeitschriften.

Die Aufnahme- und Mitgliedschaftsbedingungen erfahren Sie unter: http://www.ig-phelsuma.de

Wir erwarten ein Mindestmaß an ernsthaftem Interesse an der langfristigen Haltung und Zucht dieser Taggeckos und würden uns freuen über aktive Mitarbeit in unserer Gruppe, sei es durch kurze Beiträge in unseren vierteljährlichen Rundschreiben oder durch einen kurzen Vortrag während einer Jahrestagung.

Allerdings führen zwei Gründe auch zum unmittelbaren IG-Ausschluss: Nichtbeachtung der Termine für die Einzahlung des Jahresbeitrages (jeweils 01.04. eines Jahres) und zweitens das Nichtrücksenden des ausgefüllten Formulars zur Erhebung der jährlichen „Nachzuchtstatistik" (auch Fehlanzeigen sind bis 30.04. eines Jahres erforderlich!). Das trifft natürlich nicht für Neumitglieder zu, die erst nach dem 30.04. in die IG gekommen sind.

Unsere Ziele:
- Die Erhaltungsnachzucht möglichst vieler verschiedener Phelsumen-Arten.
- Die Zusammenstellung von Zuchtgemeinschaften zur Zucht- und Haltungsoptimierung, dazu gehört auch die Zusammenführung von Einzeltieren bei verschiedenen Züchtern.
- Das Erstellen einer jährlichen Nachzuchtstatistik zu Dokumentationszwecken.
- Durch Erfahrungsaustausch sollen die Haltungsbedingungen unserer Tiere immer weiter verbessert werden.
- Grundlage unseres Wirkens sind dabei nicht zuletzt das Wissen um den besonderen Schutzstatus unserer Tiere und die

Umsetzung der offiziellen Haltungsrichtlinie („Mindestanforderungen an die Haltung von Reptilien", evtl. mit „Sachkundenachweis").

Wir bieten:

- Vier umfangreiche und interessante interne Zeitschriften mit dem Titel „Der Tag-Gecko" für alle Mitglieder pro Jahr.
- Die Ausrichtung einer Jahrestagung mit vielen Vorträgen, Gesprächen und Tipps rund um die Phelsumenhaltung. Die Tagungen finden immer in Göttingen-Treuenhagen in „Onkel Tomms Hütte" statt.
- Eine allen Mitgliedern zugängliche Tauschbörse. Seit 1999 werden unsere überschüssigen Nachzuchten in öffentlichen Presse-Anzeigen angeboten und sich meldende Interessenten gezielt an die Züchter vermittelt
- Kompetente und fachgerechte Beratung bei allen Fragen zu Haltung, Zucht, Technik etc.
- Hilfe bei allen Fragen rund um die Systematik und Klassifikation.
- Tipps bei der Suche nach entsprechender Literatur.
- Internet-Informationen über uns: http://www.ig-phelsuma.de
- Fachlich geführte, kostengünstige Naturbeobachtungsreisen mit jeweils drei Personen in ausgesuchte natürliche Phelsumen-Lebensräume.

Wie werde ich Mitglied in der IG Phelsuma?

Setzen Sie sich bitte mit dem oben genannten Andreas Mögenburg **schriftlich** in Verbindung und teilen

ihm Ihre Anschrift, Fon-/Fax-Nummern und evtl. E-Mail-Adresse mit. Überweisen Sie gleichzeitig den Jahresbeitrag in Höhe von 20.- € auf das Konto unserer Schatzmeisterin Annemarie Lenk:

Sparkasse Chemnitz, BLZ 87050 000
Kontonummer 4506019186
Bitte unbedingt Ihren Namen und den Zweck (z. B. IG-Jahresbeitrag 2013 oder Spende für IG) angeben!

Nach Eingang des Beitrages erhalten Sie alle Zeitschriften von „Der Tag-Gecko" des laufenden Beitragjahres.

Also: Herzlich Willkommen in der IG Phelsuma: bringen Sie Ihr Wissen und Interesse ein!

IG PHELSUMA

Der Tag Gecko

Nr. 48 · 4/2004

Informationen der Interessengruppe Phelsuma

Phelsuma borbonica (agalegae) mater
Foto: Gerhard Hallmann

Vortrags-Zusammenfassungen der IGP-Tagung

Bemerkungen zur Farbentwicklung bei Phelsuma guimbeaui

Ankündigung zum 5. Thementreffen

Licht im Terrarium und weitere interessante Themen

Bücher für Ihr Hobby

Faszinierende Taggeckos
Die Gattung *Phelsuma*

Gerhard Hallmann, Jens Krüger &
Gerd Trautmann

256 Seiten, 187 Fotos, viele Verbreitungskarten,
Format: 17,5 x 23,2 cm, Hardcover
ISBN: 978-3-86659-059-5, € 39,80

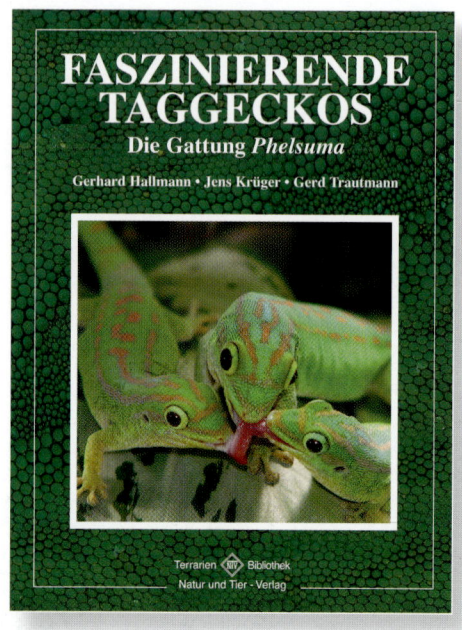

In allen Farben des Regenbogens schillern sie,
die wunderschönen Taggeckos der Gattung
Phelsuma. Sie sind nicht nur die prächtigsten
Vertreter ihrer Familie, sondern zählen auch
zu den attraktivsten Reptilien überhaupt. Kein
Wunder, dass sie zu den beliebtesten Terrari-
enpfleglingen gehören und mit schöner Regel-
mäßigkeit nachgezüchtet werden.
Die vollständig überarbeitete und erweiterte
zweite Auflage dieses hoch gelobten Buches
präsentiert in kompetenter, aber anschau-
licher Form alles Wissenswerte über diese
attraktiven Tiere und ist damit für Wissenschaftler wie für Hobby-Terrarianer gleicher-
maßen wichtig.

Art für Art Die Terraristik-Buchreihe
64 Seiten, zahlreiche Fotos, Format: 14,8 x 21 cm
je Titel € 14,80

Natur und Tier - Verlag GmbH
An der Kleimannbrücke 39/41 · 48157 Münster
Telefon: 0251 - 13339-0 · Fax: 0251 - 1339-33
E-Mail: verlag@ms-verlag.de

www.ms-verlag.de